아이의 질문에 당황하지 않고 대답하는

돌직구 성교육

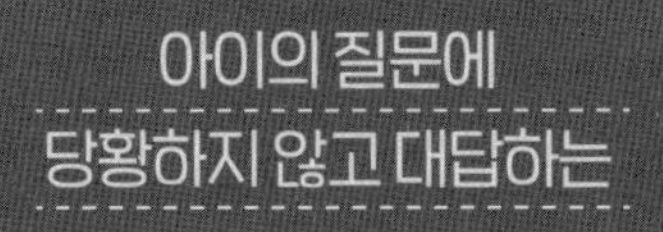

돌직구 성교육

김소영 지음

billybutton
빌리버튼

양육자와 자녀가 시소처럼 차근차근 균형을 맞춰 나가기를…

아이들을 자아존중감과 정서지능 향상 미술 수업으로 만나기 시작해 25년간 전국의 어린이, 청소년, 양육자를 대상으로 성교육 강연을 하면서 제가 자란 시대와 별반 다름없는 현실, 성과 관련해서는 아직도 양육자가 편하게 이야기할 수 있는 문화가 아니란 점이 안타까웠습니다.

강연하면서 청소년에게 성교육을 누구에게 받고 싶으냐고 물으면 대부분은 '양육자'라는 대답을 했습니다. 전혀 모르는 전문가 선생님한테 한두 시간, 많게는 대여섯 시간 동안 많은 정보를 한꺼번에 배우는 것보다 가장 친근한 양육자를 통해 자세히 배우고 싶고, 양육자의 생각은 어떤지 듣고 싶다는 마음이 담긴 대답이겠지요. 하지만 이상하게도 자녀와 소통이 잘 된다고 생각하던 양육자도 성교육과 관련해 대화한다고 가정하면 무슨 말부터 꺼내야 할지 전혀 모르겠다고 하시는 분이 많습니다.

성교육과 관련된 정보를 체계적으로 알려주는 것도 좋지만, 처음부터 문제를 해소한다기보다는 차근차근 '양육자가 자녀와 함께 놀이터의 시소처럼 균형을 맞추어 가는 데 적절히 안내할 수 있는 책이 있다면 어떨까?' 하는 생각을 하게 되었고, 아이와 양육자가 서로의 자리에서 자기답게 성장하는 과정 일부에 도움이 되기를 바라면서 이 책을 쓰게 되었습니다.

많은 양육자가 성교육을 일정한 시기에 알고 넘어가야 하는 통과의례처럼 생각합니다. 하지만 저는 성교육을 사람이 생활하면서 어떻게 인식하고 행동해야 하는가를 알려주는 인성교육의 연장선에 있다고 생각합니다. 어릴 때부터 생활 속에서 양육자의 인생관과 가치관을 접하면서 차근차근 자신의 가치관을 형성해 나가는 것이지요.

성교육을 통해서 성에 관해 잘못 알고 있던 부분, 몰랐던 부분을 올바르게 이해한 아이일수록 자기 성욕을 잘 조절할 수 있습니다. 성욕을 포함한 자기감정이나 욕구를 조절하는 능력을 키우고, 책임 있는 행동을 함으로써 타인과 더불어 살아가게 하기에 성교육을 인성교육이라고 하는 것입니다.

1장에서는 성교육을 왜 인성교육이라고 하는지, 성교육을 하기 전에 양육자도 함께 갖추어야 할 태도는 무엇이고 잘못 이해하고 있던 고정관념은 무엇이었는지를 짚어보았습니다.

성은 사람의 이야기입니다. 양육자의 지나온 이야기기도 하고, 자녀가 앞으로 살면서 더 풍부해질 이야기기도 하지요. 태어나서 사춘기를 겪고 어른이 되어가고, 사랑하고, 성관계를 경험하고, 아이를 낳고 기르고, 늙어가는 모든 것이 성입니다. 이런 이야기를 자녀와 나누는 것이 바로 성교육이고요. 그 시작은 우리가 평소에 하는 일상적인 대화입니다.

2장에서는 아이와 어떻게 대화의 물꼬를 터서 성교육과 관련한 대화로 넘어가면 되는지, 언제부터 성교육을 하면 되는지, 아이의 나이에 따라 달라지는 질문에는 어떻게 대처하는지, 남자아이와 여자아이의 성교육은 따로 할 것인지 등, 양육자가 성교육과 관련해 체계를 잡는 데 도움이 될 만한 방법을 14가지로 정리했습니다.

3장에는 성폭력을 예방하는 차원에서 미리 알아두면 좋을 관련 지식을 간단히 정리해 두었습니다.

성교육의 최종 목표는 신체 차이를 인지하고, 성역할 고정관념에서 벗어나 아이들이 성별과 상관없이 다른 사람과 더불어 사는 방법을 배우고 차이를 존중하는 것입니다.

양육자가 '아이와 어떻게 대화의 물꼬를 트면 좋을까?', '이 말은 어떻게 표현하면 좋을까?' 고민하는 순간부터 관계가 변하기 시작한다고 생각합니다. 작은 시작이 작은 변화가 되어 아이와 양육자 모두에게 마중물이 되었으면 합니다.

2022년 여름

김소영

차례

2장 대화로 막힘없이 풀어가는 성교육 노하우 14가지

1장

성교육은 인성교육입니다

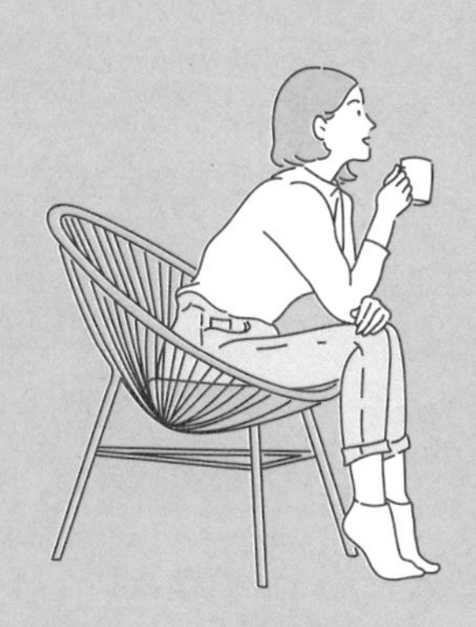

◆ ◆ ◆

성교육은 인성교육에서 시작됩니다

인성교육은 사람이 생활하면서 어떻게 인식하고 행동해야 하는가를 알려주는 교육입니다. 생활 속에 시나브로 스며드는 방식으로 어릴 때부터 인생관과 가치관을 차근차근 형성해 나가는 것이지요. 성교육도 이런 맥락의 연장선에 있습니다. 아이의 가치관에 부합하는 생명관과 대인관계에 관해 자기 생각을 정리하고 난 후에야 비로소 성과 관련된 구체적이고 실질적인 정보를 전달할 준비가 됩니다.

집안에서 어떤 주제로든 아이와 편하게 대화할 분위기가 조성되면 성교육도 집에서 할 수 있습니다. 몇 가지 조건만 충족된다면 가정은 성교육을 단계적으로 교육할 수 있는 가장 좋은 장소입니다.

자녀의 "인격 형성"을 위한 교육은 삶의 전 과정에서 경험하는 인간관계를 잘 맺는 데 필요합니다. 평등, 존경, 책임, 믿음과 신뢰를 바탕으로 사람과 관계를 맺고, 그 관계를 통해 행복해지도록 풍부한 심성과 건전한 생활 습관을 기르는 것이지요.

성교육은 집약적으로 성장하는 사춘기처럼 어느 한 시기에만 발현되는 성 충동 조절을 위해서 한시적으로 하는 것이 아니라, 신체 변화에 따른 호기심을 인정하고 변화를 받아들임으로써 신체와 정신 관리를 잘하는 사람으로 키우기 위한 것이 목적입니다.

적절하게 조절할 줄 아는 자기 조절력을 기르고, 성 가치관을 바르게 세워 올바른 인간관계를 형성하고 삶의 토대까지 바로 세우기 위함이지요.

가정에서 양육자가 성교육을 하면 성을 자연스럽고 풍부하게 수용하도록 하는 정서성, 서로의 입장을 존중하고 생명을 존귀하게 여길 줄 아는 사회성, 스스로 바른 지식과 태도를 갖춘 인성을 형성할 수 있습니다.

현재 우리 사회의 변동과 속성을 다양한 각도에서 공부하면서 아동과 청소년은 특히 환경과 교육의 영향을 받기 때문에 정서적 감성은 대단히 중요합니다.

성은 은밀해질수록 보이지 않는 곳에서 더 큰 문제를 발생시킵니다. 아이들의 질문에 제대로 대답만 해주어도 성교육은 큰 효과를 볼 수 있어요. 실제로 성교육을 통해서 성에 관해 잘못 알고 있던 부분, 몰랐던 부분을 올바르게 이해한 아이일수록 자기 성욕을 잘 조절할 수 있습니다. 성욕을 포함한 자기감정이나 욕구를 조절하는 능력을 키우고, 책임 있는 행동을 함으로써 타인과 더불어 살아가게 하기에 성교육을 인성교육이라고 하는 것입니다.

성교육을 위한 준비 ①
아이의 감정을 인정합니다

초등학교나 중고등학교에 다니는 시기의 아이가 받는 스트레스 중에는 사회적인 환경이 가장 큰 비중을 차지합니다. 그런데 같은 상황에서 똑같이 스트레스를 받아도 건강하게 생활하는 아이도 있습니다. 어릴 때부터 자기 감정을 인정받은 아이들이지요. 가정에서 감정을 인정받고 성장한 아이는 자신이 존중받은 것처럼 남을 존중할 줄 아는 사람으로 자랍니다. 자존감이 강하고 감정처리 능력도 발달하지요.

아이들은 감정을 행동으로 표현합니다. 유아의 감정은 혼돈의 도가니라고도 하죠. 아이가 울고, 떼쓰고, 짜증 내고, 소리 지르는 등 어떤 형태로든 감정을 표현하는 것은 자기 마음을 알아달라는 뜻입니다. 보통 아이가 이런 행동을 하면 양육자는 당황해서 야단을 치는데요. 그러면 아이는 의기소침한 사람으로 자랄 수 있습니다. 자기감정을 전달하려고 행동했는데, 감정을 무시당하고 오히려 혼나기만 했으니까요. 감정을 무시당한 아이는 혼란스러워하며 기분을 좀 알아달라는 마음으로 더 크게 울거나 발을 구르는 등 좀 더 과격하게 행동합니다.

나이가 어릴수록 "무서워", "싫어", "아파" 등과 같이 감정을 단순한 말로 표현하거나 우는 것으로 대신합니다. 양육자는 먼저 '아이는 어른처럼 자신의 감정을 다룰 능력을 아직 제대로 갖추고 있지 않다'는 것을 이해하고 실제 아이의 감정을 알려면 현재의 흥분한 상태가 가실 때까지 참고 기다려야 합니다.

아이가 유치원에서 하원 하자마자 말합니다.

"엄마, 나가 놀자."

"오늘은 비가 오니까 못 나가."

"그럼, 키즈 카페 가자. 키즈 카페에서 놀면 되잖아.

"키즈 카페 가기에는 동생이 너무 어려서 안 돼. 우리 다음에 동생 봐줄 어른 있을 때 가자."

이때부터 아이는 울면서 떼쓰기 시작합니다. 엄마는 울고 싶은 만큼 울어라 하는 마음으로 아이를 내버려 뒀는데, 울음을 그치지 않습니다. 나중에는 안아달라면서도 웁니다.

"울음 그치면 안아줄게. 뚝 그쳐, 응?"

그래도 소용없습니다. 결국 아이는 울다 지쳐 잠들었어요. 이럴 때 아이의 마음은 어떨까요.

자고 일어나서도 이유 없이 짜증을 내고, 저녁도 안 먹는다고 합니다.

그래도 아까보다 감정이 한풀 꺾인 것 같아서 안아주면서 묻습니다.

"아까 왜 그렇게 울었어?"

"엄마가 동생한테만 신경 쓰고, 나하고는 계속 안 놀잖아."

보통 양육자는 소동이 벌어질 때는 경황이 없으니 울음을 그치게 하는 데만 신경 씁니다. 그런데 지나고 나서 곰곰이 생각해보면, 아이가 이유 없이 떼쓰면서 우는 것은 아니라는 걸 아실 거예요. 아이가 격렬하게 감정을 터뜨리는 데는 분명히 이유가 있습니다. 양육자가 보기에 타당한 이유가 아니라고 하더라도, 아이 감정이 움직였을 때는 일단 감정에 귀 기울이고, 인정하는 것이 중요합니다.

"그래, ○○이가 아주 속상했구나."

이렇게 아이 마음에 공감하고, 아이가 이야기를 계속하도록 기다려주세요.

"화가 많이 났네. 엄마도 네 맘 알아."

자녀의 불편한 정서 반응을 지지하는 말을 하면, 아이는 스스로 안정감을 되찾을 뿐만 아니라 감정을 조절하는 방법까지 깨우치게 됩니다. 당장 하고 싶은 것을 못 하는 상황이면 조금 기다렸다가 다시 말한다든가 하는 식으로요. 확실히 달래는 것도, 훈육하는 것도 아니고, 아직 아인데 고집을 꺾겠다며 무조건 야단만 치면 자존감이 형성되기 어려워요.

양육자가 먼저 아이의 감정을 이해하고 받아주면, 아이도 양육자의 요구를 이해하고 자신의 감정을 조절하여 맞추게 됩니다. 아이의 현재 감정에 맞춰 양육자가 반응하는 것은 아이의 자기조절 능력을 기르는 데 핵심입니다. 양육자는 아이가 태어나 처음으로 형성하는 상호 관계에 있는 사람입니다. 양육자가 부정적인 감정을 어떻게 조절하는지 보고 그대로 배우지요.

그래서 아이의 감정을 잘 인정하려면 양육자부터 자기감정 읽기를 연습해야 합니다.

비행기를 탈 때 스튜어디스가 안전교육을 합니다. 응급 상황이 발생하면 누구부터 산소마스크를 써야 한다고 하나요? 자녀가 아니라 양육자부터 쓰고 그다음 자녀를 돌봐주라고 합니다. 그만큼 감정도 양육자부터 알아차려야 합니다. 그래야 자녀의 감정을 이해하고 관찰할 수 있습니다.

'자기이해(self-understanding)'란 말이 있습니다. 자신을 명확하게 아는 것을 말합니다. 어떤 상황에서 갑자기 자기감정이 폭발하는지 알아차리는 것이 중요하죠. 그리고 어느 정도의 폭발이었는지 1~10까지의 숫자를 놓고 체크해봅니다. 그런 날들이 일주일에 몇 번 있었는지 헤아려보는 것도 좋습니다. 그리고 감정이 올라올 때는 심호흡을 하는 것도 조절하는 데 큰 도움이 됩니다. 화가 나더라도 잠시 멈추세요. 본인의 손이나 발을 바라보면서 천천히 다섯까지 숫자를 세어보면서 숨을 들이마시고 다시 다섯까지 세면서 숨을 내쉬어보세요.

화나는 순간에 이게 되냐고요?

그래서 양육자도 연습이 필요합니다.

심호흡을 통해 감정적으로 대응하던 자신을 들여다보면서 조금은 다른 방법으로 대응할 수 있게 됩니다. 감정이 진정되면, 짜증 내거나 분노하거나 폭발하는 방식과 다르게 양육자의 뜻을 표현할 수 있게 됩니다. 화가 나는 것이 감정이고, 화를 내는 것이 행동입니다. 자녀를 어떻게 대하느냐에 따라 자녀가 감정을 표현하는 방식에 영향을 줍니다.

양육자가 폭발하며 감정적으로 대응하는 것이 자녀에게 미치는 부정적인 영향은 상상 이상으로 큽니다. 아이가 어릴수록 부작용은 더욱 심각하죠. 양육자의 이런 모습을 본 자녀는 점점 자기를 부정적으로 바라보게 됩니다. 그러니 양육자도 감정 조절 연습을 게을리하면 안 되겠지요?

성교육을 위한 준비 ②
아이 때부터 경계 존중 교육을 합니다

사람에게는 나이, 성별과 상관없이 '자기결정권'이 있습니다. 어떤 색의 옷을 입을지, 신발은 무엇을 신을지, 어떤 장난감을 가지고 놀지 등을 결정하는 것이 바로 자기결정권입니다. '아직은 어리니까.' 하고 모든 결정을 양육자가 하다 보면 아이가 의사 표현을 잘 못 할 수 있어요. 아이들이 스스로 생각하고 선택해서 본인이 책임지는 습관을 들여야 합니다. 그것이 경계 존중 교육의 시작입니다.

가정마다 아이에게 '자기결정권'을 주는 범위가 다릅니다. 아직 어리니까 모든 결정은 어른이 해야 한다고 생각하는 가정도 있습니다. 하지만 스스로 결정한 경험이 있어야 나중에 자연스럽게 스스로 결정할 수 있게 됩니다. 아이가 스스로 생각해서 결정할 수 있도록 마음을 조금 열어주세요. 가족부터 먼저 아이의 선택을 믿고 지지해주세요.

경계 기준 알려주기

어떤 일을 하고 싶다고 해서 무조건 하는 게 아니라, 때와 장소에 따라 되고 안 되는 경계가 있다는 걸 알려주세요. 유아기에는 받아들이기 어려운 개념이지만 차도와 인도의 예를 들어서 설명하면 쉽게 알아듣습니다.

"차가 다니는 길을 차도, 사람이 다니는 길을 인도라고 해. 그런데 왜 차도와 인도를 구분할까? 같이 막 다니면 위험하고, 사고가 나기도 해서 사람도 다치겠지? 그래서 차가 다니는 길과 사람이 다니는 길을 구분하고, 가끔 차가 다니는 길로 사람이 다녀야 할 상황이 생기면 '신호등'의 불을 켜서 사람도 차도로 다닐 수 있게 한 거야."

여기에 덧붙여 친구 집에 아무 때나 가면 안 된다는 것을 알려줘도 아이들은 잘 알아듣습니다.

“해가 져서 깜깜하잖아, 그러니까 친구 집에는 내일 낮에 가도 되는지 물어보고 괜찮다고 하면 가자.”

이런 식으로 경계 기준을 알려주세요.

친구에게 친밀감을 표현하는 방법

집과 집 사이에 나누어져 경계가 있듯이 사람과 사람 사이에도 경계가 있어야 해요. 친구끼리라도 다른 친구의 몸을 함부로 만지면 안 되고, 상대방이 싫어하면 다른 방법으로 친밀감을 표현할 방법을 찾도록 도와주세요. 친구가 좋다고 다가서서 거리낌 없이 어깨동무한다거나 팔을 잡고 끌면 상대방이 불편해할 수 있습니다. 친하게 지내고 싶은 마음을 먼저 말로 표현하라고 지도하세요.

친구가 너무 좋아 달려가서 안아요. 그 친구는 당황하겠죠. 아이한테 묻습니다.

“왜 갑자기 친구를 안았어?”

“친구가 너무 좋아서 그랬어.”

“좋아서 안아주고 싶은 마음은 이해해. 그런데 친구도 지금 안고 싶었을까? ○○이도 아빠가 귀엽고 사랑스럽다고 하면서 볼을 부비고, 뽀뽀할 때 싫다고 한 적 있었잖아.”

"매일 싫은 건 아니고, 그땐 갑자기 만져서 싫었어."

"친구가 반갑고 좋아서 안은 건 알지만, 물어보지 않고 그러면 친구도 싫을 때가 있겠지? 다른 사람이 좋아서 안고 싶거나 손잡고 싶을 때는 먼저 물어보자."

놀이하다가 심하게 부딪쳤을 때

움직임이 큰 놀이를 할 때도 행동을 조심해야 한다는 것을 알려주세요. 게임하다 보면 흥분해서 가끔 밀치는 일도 있어요. 처음엔 티격태격 말이 몇 차례 왔다 갔다 하다가 큰 소리가 나기 시작합니다. 게임하다가 벌어진 일이고, 다른 친구는 괜찮다고 했지만, 이 친구는 기분 나빠할 수 있습니다. 아이가 자꾸 억울해하면 역할을 바꾸어서 연극을 해 보면 쉽게 이해하고 받아들입니다.

저는 아이들과 수업 후 '무궁화꽃이 피었습니다'를 즐겨 합니다. 게임 할 때 술래는 제가 합니다. 술래하면서 아이들을 볼 수 없는 상태에서 아이끼리 마찰이 생길 때가 있습니다.

"선생님, ○○가 저를 밀치며 앞으로 나갔어요."

"아니에요. 내가 언제 너를 밀쳤어? 앞으로 갈 때 스친 거지 그걸 밀쳤다고 하면 어떡해."

"알았어요. 그럼 우리 서로의 처지를 바꾸어서 다시 한번 해보자."

아이들이 서로 상대의 입장이 되어 행동을 이야기해요.

"아, 내가 뛰어가면서 조금 스친 게 아니었네. 인정해야겠다. 너로서는 그렇게 느낄 수 있겠어."

고학년에서는 가능한 상황이지만, 저학년이라면 시간을 들여 차근차근 이해시켜야 합니다. 서로의 관점에서 느껴 보는 게 가장 좋아요. '그럴 수 있구나. 그렇게 생각할 수 있겠구나' 하고 서로의 마음을 이해할 수 있게 도와주세요.

사람과 사람 사이의 경계는 사람 사이에 지켜야 하는 규칙입니다. 상대가 불편해하면 바로 그 자리에서 멈추어야 함을 이야기해주세요.

마음이 바뀌었을 때 의사 전달하기

함께 놀다가 마음이 바뀌는 때도 있습니다. 놀이를 경험해보고 생각한 것보다 재미가 없어서, 혹은 싫증 나서 놀기 싫을 수 있어요.

"나 이제 놀기 싫어."

"아까는 괜찮다고 했잖아. 그리고 오늘은 같이 놀기로 약속했잖아."

"몰라, 다시는 너랑 안 놀아!"

같이 놀기로 했던 내 마음이 바뀌어서 상대가 짜증 내고 화도 내며 토라질 수 있지만, 거기에 같이 화를 내지 말고, 지금은 왜 생각이 바뀌었는지를 차분하게 얘기하는 것도 연습해야 합니다.

"○○야, 네가 싫어서 놀기 싫은 게 아니라 집에 가고 싶어졌어. 갑자기 배가 고파. 배고픈 상황에서 놀고 싶지 않아. 조금만 이해해주라."

"내 마음은 놀고 싶다고. 약속했으면 지켜야지. 대신 오늘은 네가 배고프다고 하니까 내가 이해해볼게. 우리 다음부터는 약속 지켜서 놀자."

서로의 경계에 대해 자주 대화하고 존중하면서 함께 해결하면 관계가 더 좋아질 수 있어요. 아이가 자기 행동을 스스로 돌아보게 해주세요. 사람들에게 본인의 기분을 말하는 연습을 가정에서 교육해야 합니다.

성교육을 위한 준비 ③
거절하는 힘을 길러줍니다

양육자가 어린 시절에는 '무조건 순종하는 어린이'가 미덕이었습니다. 대답 잘하고 어른 말에 토 달지 않는 아이를 착한 아이라고 칭찬했어요. 하지만 지금은 달라졌죠. 자기 생각을 자신 있게 말하고 다른 사람과 관점이 달라도 이상하게 느끼지 않는 열린 마인드를 가진 아이로 키우려면 어떻게 해야 할까요? 아이가 싫다고 하면 그대로 인정하는 것입니다.

우리는 아이가 긍정적인 삶의 태도를 갖추기 바라면서 교육합니다.

그런데 아이가 '거절'하는 것도 긍정적인 태도라는 것은 잘 모르시는 것 같습니다. 부정적 요소가 포함되어 있지만 긍정에 가까워요. 거절은 외부와의 소통을 차단하거나 외면하는 것이 아니라, 아이의 분별력을 길러주는 교육입니다. 자기 의사에 따라 선택할 수 있도록 길을 열어주세요. 처음엔 거절하는 기준이 흔들릴 수도 있습니다. 그래도 아이가 선택과 판단 기준을 명확하게 인지할 수 있도록 자주 대화하세요.

아이의 거절 의사를 인정하기

오랜만에 가족이 모인 자리에서 할아버지, 할머니, 삼촌, 이모 등 여러 친척을 만날 때가 있습니다. 한순간에 훌쩍 커 버린 손자, 조카가 반가워서 집안 어른들이 아이를 부둥켜안고 뽀뽀하려 할 때 아이가 싫어한다면 바로 멈추게 도와주세요.

"애가 왜 이래? 어릴 땐 뽀뽀도 잘하고 살가웠는데 쌀쌀맞아졌네."

어른들이 서운한 마음에 이런 말을 하더라도 아이를 설득하지 마세요. 마지못해 아이가 허락하는 일이 잦아지면, 나중엔 자기 의사를 존중받지 못한다고 생각해서 아예 거절할 생각을 안 할 수도 있어요. '가까운 가족도 의견을 따라주지 않았는데'라는 생각에 다른 사람에게도 거절을 못 하게 됩니다.

아이가 없는 곳에서 어른을 이해시켜주세요. '싫어하는 걸 거절하는 교육'을 하고 있다고 정중하게 말씀드리세요. 아이 제대로 키우고 싶어서 협조를 구한다고 하면, 그 누구도 뭐라 못 합니다.

또 아이가 좋다고 하더라도 몸이 굳어 있거나 어깨를 들썩이거나 슬며시 말을 돌릴 때가 있을 거예요. 그때는 아이가 거절했다고 판단하고 더는 강요하지 마세요. 말이 없고 표현을 안 했다고 해서, 힘이나 권위를 이용해서 억지로 동의하게 한 건 동의가 아닙니다. 정확히 '예'라고 말해야 동의한 것입니다. 강요당한 일에 쉽게 수긍하면 앞으로 자신에게 요구되는 부당한 일들을 감당하기 힘듭니다. 아이가 거절 의사를 밝히면 양육자가 먼저 인정해야 합니다.

유치원 원복을 같이 입고 현장 학습을 나가면, 선생님들이 아이들을 놓칠까 봐 짝을 짓고, 짝꿍 손을 잡으라고 합니다. 하지만 이제는 다르게 교육해야 합니다.

"지금 옆에 있는 짝꿍 손을 잡을 수 있겠어요? 괜찮으면 잡아주세요. 불편한 친구는 선생님에게 얘기해주세요."

같은 유치원에 다닌다고, 동갑이라고, 같은 반이라고 무조건해야 하는 것은 아닙니다. 손잡기 싫어하는 어린이의 의사를 존중하세요.

예의 있게 거절하기

이렇게 거절 의사를 존중받게 되면 거절하는 힘이 생기고, 이 힘은 반대로 거절당했을 때 극복하는 힘도 길러줍니다. 그리고 자신도 누군가로부터 거절을 경험할 수 있다는 걸 알려주세요. 자신이 거절당할 수도 있다고 인정해야 해요. 아이들이 하기 싫다고 하면 왜 싫은지 이유를 물어보고 귀 기울여 대답을 들으세요. 거절은 예의가 없는 것이 아니라, 본인의 의사를 밝히는 것입니다.

거절하는 과정에도 예절이 필요합니다. 본인의 마음 상태를 다 이야기할 필요는 없지만 최대한 정중하고 진중하게 표현한다면 상대방도 시간은 걸리지만 받아들일 수 있게 됩니다. 상대에게 거절 의사를 확실히 표현할 때, 거절의 의사만 표현하는 것이 아니라 자신의 현재 상황과 받아주지 못하는 이유를 말하면 좋습니다. 거절당한 이유를 명확히 모르면 상대는 자신이 거부당했다고 느끼기 때문에 이해시켜야 합니다.

삼촌의 스킨십이 싫다면 "싫어요, 하지 마세요."라고 말하는 것도 좋지만 좀 더 자세히 얘기하게 하세요.

"삼촌이 싫어서 뽀뽀하지 말라고 한 것 아니에요. 삼촌은 너무 좋은데, 제가 뽀뽀 받는 걸 좋아하지 않아요. 그래서 가족이라도 안 하고 싶어요. 기분 나빠하지 마세요."

아이가 자기 마음을 모를 때는?

저한테는 조카가 둘 있습니다. 누나와 남동생입니다.

큰 조카가 동생이 귀엽다면서, 동생이 싫다는데도 계속 볼에 뽀뽀

했어요. 보고 있다가 제가 한마디 했습니다.

"그만해. 동생이 싫다고 하잖아."

"고모, 난 동생이 귀여워서 그런 건데."

"동생이 그만하라고 하면, 아무리 누나라고 해도 멈추어야 해."

조용조용한 목소리로 이야기했습니다.

동생도 누나의 행동이 처음부터 싫었던 건 아니지만, 계속 뽀뽀하니 싫다고 한 것입니다.

"네가 싫다고 했는데, 상대가 듣지 않으면 꼭 얘기해줘."

"응, 고모. 그런데 별거 아닌 것 같아서 얘기 안 했는데, 내가 진짜 싫은 건지 나도 내 기분을 잘 모르겠어."

"네가 싫다고 말해도 상대방이 '그냥 장난인데 괜찮잖아.' 또는 '네가 좋아서 그래.'라고 말하고는 듣지 않고 계속 행동하면 얘기해 달라는 거야."

그런 일이 생기면 꼭 양육자나 주변 어른한테 말하게 해야 합니다. 말하는 걸 두려워하기 시작하면 아이는 말문을 닫아버리거든요. 그래서 정작 도움이 필요할 때는 도와달라고 제대로 말도 못 꺼내는 상황이 됩니다. 그렇게 되지 않도록 하려면 양육자나 주변 어른이 아이의 말을 경청해야 해요.

가족끼리도 '그만' 하면 받아들이기

'양육자는 아이의 거울'입니다. 아이는 양육자의 행동을 따라 하는 경향이 있습니다. 그러니 양육자는 스스로 무심코 하던 행동을 돌이켜봐야 합니다.

방귀쟁이를 자처하면서 자주 방귀를 뀌시는 아버지가 있었습니다. 소리도 크고 향기도 진했다고 하고요. 부인이 참으라고 하면 옆에 다가가서 장난스러운 행동을 해 더 크게 뀌기도 했답니다.

하루는 아이가 그 모습을 따라 했고, 재미있어서 웃었답니다. 그런데 그다음부터 아이가 장소를 가리지 않고 스스로 '방귀쟁이'라고 말하면서 엉덩이를 다른 사람 얼굴에 들이밀고 행동도 크게 하더랍니다. 그러지 말라고 훈육해도 멈추지 않고 더 심해졌다고 해요. 그러면서 자기가 장난치던 모습을 아이가 습득해, 실례가 되는 행동을 계속하는 것을 보고 놀라셨다고 했습니다.

방귀를 무조건 참아야 하는 건 아니지만, 다른 사람의 얼굴에 엉덩이를 들이대는 행동은 실례입니다. 이런 행동은 다른 사람을 존중하지 않는 행동이기도 해요. 가족 구성원 모두가 장난친 것뿐이라고 해도, 다른 가족과 함께 있을 때 이런 모습을 보인다면 다른 가족은 불편해도 참고 받아들여야 할까요? 엄마가 장난하는 아빠에게 "그만", 남동생이 형에게 "그만"이라고 하면 그 자리에서 수긍하는 것을 생활화해야 합니다.

불편하고 힘든 상황을 무조건 참으라고 인성교육을 하는 것이 아닙니다. 자신이나 주변 사람이 불의를 당했을 때 하지 말라고 이야기할 용기를 길러주기 위함입니다. 일상생활에서 불편한 문제에 맞닥뜨리거나 극복하기 힘든 상황에 부닥쳤을 때 아이 스스로 고민하고, 해결하려는 의지가 있어야 합니다. 이런 힘은 생활 속 경험에서 자연스럽게 체득하게 됩니다.

'아니'라고 말할 수 있는 용기

놀다 보면 중간에 문제가 생기기도 합니다. 초등학교 저학년 때부터 친하게 지내는 친구들 사이에 실제 있었던 일입니다.

따돌림을 주도하는 아이, 따돌림을 당하는 아이, 그 가운데에 놓인 A, B 두 아이가 있습니다. 다음은 네 아이가 함께 나눈 대화입니다.

따돌림을 주도하는 아이 : 얘들아, 이제부터 ○○랑 놀지 마. 내 말 들어. 안 그럼 너랑 안 놀 거야.

A : 응, 알았어.

따돌림을 당하는 아이 : 맞아, 나랑 얘기하지 마. ○○가 보면 너도 불편할 거야.

B : 그게 말이 돼?

따돌림을 당하는 아이 : 아니야, 내 말 들어. 너희가 불편해지는 게 싫어.

B : 네가 놀지 말라고 해서 안 놀고, 네가 놀라고 해서 노는 건 아니야. 내가 놀고 싶으면 노는 거고, 내가 말하기 싫어야 말 안 하는 거야. 난 ○○랑 놀 거야. 나한테 이래라저래라 하지 마!

이렇게 일상에서 친했던 관계에도 따돌리고 따돌림을 당하는 일이 종종 있습니다. 그럴 때 주변 친구들이 대하는 태도도 다를 수 있습니다. 이렇게 정당하지 않은 일을 아니라고 말할 수 있는 용기를 키워주세요.

성교육을 위한 준비 ④ 가족끼리도 사생활을 존중합니다

스마트폰은 이제 손안의 작은 컴퓨터라고 할 만큼 우리 일상의 필수품입니다. 인터넷과 하루 종일 연결되어 있지요. 그런 스마트폰이 우리 아이들에게 하나씩 있어요. 아이와 하루 종일 같이 다닐 수 없으니 걱정이 많이 될 겁니다. 편리하고 유용한 기기지만, 일상에서 널리 쓰이는 만큼 문제도 생기게 마련입니다.

아이들과 시간을 보내면서 멋진 장소와 분위기가 좋으면 아이와 함께하는 사진을 남깁니다. 그런데 "엄마가 너 지금 찍고 싶은데, 사진 찍어도 될까?"라고 물어보신 적 있나요? 대부분은 묻지 않고 바로 찍으시죠. 이제부터는 아이한테 물어본 뒤에 사진을 찍으세요.

요즘에는 초등학교만 들어가도 아이에게 스마트폰을 쥐어줍니다. 본인 사진만 찍는다면 문제가 없지만 아이들은 무심결에 찍고 싶은 모습을 화면에 담습니다. 이때도 교육이 필요합니다.

"가족이든 친구든 다른 사람의 사진을 찍고 싶다면, 사진을 찍으려는 사람한테 찍어도 되는지 물어보고, 허락했을 때 찍는 거야."

아이가 습득하도록 반복 학습이 필요합니다.

목욕하고 나온 아이가 너무 예뻐서 모습을 찍어서 SNS에 공유한 경험이 한번은 있으실 거예요. 이전에는 자녀가 어려서 동의를 구하지 않고 올렸다면 이제부터는 아이에게 말하고 올리는 건 어떨까요?

"오늘의 네 모습을 남기고 싶어서 올린다."

아직 어린데 그렇게까지 할 필요가 있느냐고요? 양육자도 습득해야 합니다. 생활화해야 해요. 처지를 바꾸어 생각해보세요. 엄마나 아빠가 샤워를 마치고 나왔는데 아이가 묻지도 않고 속옷 차림인 엄마나 아빠 모습을 사진 찍으면 어떨까요? 또 그 사진을 친구들과 공유한다면 난감하시겠죠? '이쯤은 괜찮지 않을까?' 하는 생각이 들 땐 아이와 처지를 바꾸어 생각해보면 바로 답이 나옵니다.

중학교에서 있었던 일입니다. 아이 핸드폰에 친구들의 팔과 다리만 촬영한 사진이 있다고 상담을 요청했어요.

"○○이는 왜 친구들 다리하고 팔만 촬영했나요?"

"누가 누군지 모르는데 어때요? 얼굴은 촬영 안 했으니까 괜찮은 거 아닌가요?"

"그럼, 얼굴이 안 나온다고 그 친구 몸이 아닌가요? 누군가를 촬영하고 싶으면 꼭 그 친구에게 동의를 구해야 해요."

성교육을 위한 준비 ⑤
외모에 대한 관심을 인정합니다

청소년이든 어른이든 외모에 관한 관심은 자연스러운 현상입니다. 다만, 지금 우리 사회의 수준은 과한 편이지요. 한번은 성장기 자녀가 화장품에 빠져 모든 제품을 구매해야 안정감을 느낀다며 고민하는 양육자가 있었습니다.

어른이 보기에 화장하지 않아도 예쁜 나이라고 말해도, 당사자인 청소년의 귀에는 예쁘게 꾸미고 싶은 욕구를 차단하려는 잔소리 정도로 들릴 거예요.

청소년의 화장을 무조건 막을 수 없다면, 화장품 선택 방법을 가르쳐주는 것도 좋은 방법입니다. 화장을 권장하라는 말이 아니에요. 숨어서 몰래 불안하게 하거나 용돈이 부족해 피부 유형에 맞지 않는 화장품을 사용해서 피부 트러블이 생길 수도 있으니, 아이랑 같이 화장품도 사러 가고 피부 유형에 맞는 화장법도 알려주면서 안전하게 사용하게 하는 게 낫다는 거죠. 미용 관련 제품은 성인을 넘어 청소년, 아동에게까지 다양한 형태가 나와 있습니다. 화장품과 관련해 잘 모르시는 양육자는 전문가에게 상담받는 방법도 있습니다.

청소년기는 피지 분비량이 많아 여드름이 나는 친구가 많습니다. 이때 여드름을 감추기 위해 화장을 진하게 하는 학생이 있는데요. 이는 오히려 모공을 막아 피부 기능을 악화시킵니다. 누적되면 나중에는 화장 자체를 못 하게 될 수도 있다고 아이들한테 꼭 설명하세요. 화장품 광고 중에 '화장은 하는 것보다 지우는 것이 중요합니다.'라는 말이 있죠? 이런 광고 멘트를 흉내 내면서 클렌징을 깨끗이 하라고 조언하는 것도 아이가 양육자에게 화장하는 것을 숨기지 않고 공유하게 하는 방법입니다.

자존감은 자신감보다 더 바탕에 있는 근본적인 심리인데 양육자와 주변인들에게 충분히 인정받고, 사랑받고, 칭찬을 들으면서 형성됩니다. 주로 유아기에 받은 칭찬을 통해 형성되는데, 그림 그리기나 악기 연주, 노래 부르기, 여러 가지 스포츠 활동 등 정서적으로 안정감을 느끼고, 스트레스도 풀 장치를 통해서 고양할 수 있습니다. 아직 제대로 자존감이 형성되지 않은 청소년기 자녀라도 흥미를 갖고 몰두할 취미나 특기를 계발하다 보면, 자연히 외모에 대한 시간 소요나 투자는 낮아지고, 다른 활동을 통해 얻은 성취감으로 자연스럽게 자존감이 높아집니다.

사춘기는 이상적인 외모에 대한 자기 개념이 확립되지 않은 시기입니다. 이런 상태에서 각종 매체가 청소년에게 이상적인 외모를 강박적으로 주입하는 데 지속해서 노출되면 심한 경우 자기 외모를 부정하고, 상대방의 평가에 상처받게 됩니다.

특히, 청소년기는 외모에 대한 관심이 많아지는 시기이므로 양육자는 자녀가 외모에 관심을 가지는 것을 어느 정도 인정하는 것이 좋습니다. 대신 외모보다 보이지 않는 매력을 강조하며 말해야 하지요.

자녀가 어느 날 이렇게 말합니다.

"나는 왜 이렇게 생겼어? 엉덩이는 왜 이렇게 큰 거야. 허벅지도 두껍고."

그럼 어떻게 답하시나요?

"왜 엄마(아빠)가 보기엔 하나도 안 커. 걱정 넣어두셔! 넌 아주 멋져."

양육자의 판단 기준으로 이렇게 답하시는 분이 있을 거예요. 하지만 이건 자녀의 마음을 이해하는 말이 아니라, 자녀의 외모 기준을 낮추는 것으로 들릴 수 있어요.

이럴 때는 아이가 자기 몸 중 어디를 '크다'고 느끼고, 다른 사람과 '다르다'고 느끼는지 구분해야 합니다. 만약 '엉덩이와 허벅지가 크다'

라고 생각한다면 함께 신체를 보면서 이야기해야 합니다. 정말 큰 건지 아닌지, 두껍다고 처음 느낀 것은 언제인지 물어보세요.

다른 사람이 객관적 시선으로 보기에는 다른 느낌이 들 수 있죠. 자녀를 완성하는 것은 신체뿐만이 아니라 본인의 마음 씀씀이나 자신이 가진 능력 등이 있습니다. 그런데 살아가면서 사람들은 외모보다는 그 사람의 마음씨, 또는 일하는 능력이나 무서운 상황에 침착한 태도 등 다른 가치를 더 높이 평가하는 일이 자주 일어남을 알려주세요.

길에 있는 나무나 새를 비롯해 동물들의 생김새가 다르듯이, 사람도 각자의 생김새가 다르고, 매력도 다른 건 당연합니다. 자신만 가지고 있는 건 뭐라고 생각하는지, 아이의 생각 폭을 넓혀주세요. 외모보다 근본적인 문제를 생각해보도록 관심을 환기하는 것도 필요합니다.

아이의 자존감을 높이기 위해서는 아이의 장점을 인정하거나 잘하려고 노력한 부분을 찾아 "네가 이거 ○○하려고 노력하는 모습이 멋지다."라고 정확하게 말해주세요.

이렇게 대화하다 보면 자신이 원하는 걸 찾게 되고 자연스럽게 외모에 대한 강박도 줄어듭니다.

대화로 막힘없이 풀어가는 성교육 노하우 14가지

◆ ◆ ◆

성교육의 최종 목표는 신체 차이를 인지하고, 성역할 고정관념에서 벗어나 아이들이 성별과 상관없이 다른 사람과 더불어 사는 방법을 배우고 차이를 존중하는 것입니다.

성은 사람의 이야기입니다. 양육자의 지나온 이야기기도 하고, 자녀가 앞으로 살면서 더 풍부해질 이야기기도 하지요. 태어나서 사춘기를 겪고 어른이 되어가고, 사랑하고, 성관계를 경험하고, 아이를 낳고 기르고, 늙어가는 모든 것이 성입니다. 이런 이야기를 자녀와 나누는 것이 바로 성교육이고요. 그 시작은 우리가 평소에 하는 일상적인 대화입니다.

1. 스스럼없이 가족과 대화하는 분위기 만들기

저는 학교 졸업 앨범 사진을 가져와 말문을 틀 때도 있고 상황에 따라 조금씩 변주합니다. 자녀가 좋아하는 아이템을 소재로 편하게 말문을 트세요. 제 경우에는 아들이 사진 보는 걸 좋아해서 학교 졸업 사진을 같이 보면서 이야기를 많이 했습니다. 초등학교 졸업할 때 모습으로 여드름, 사춘기 등을 이야기하면서 몸과 마음 성장에 관한 이야기를 나누었어요.

"이 사진 ○○ 이모 맞아요?"

"응."

"그럼 옆에 있는 이 아이는 어릴 적 ○○형이 맞아요? 어릴 적에 이렇게 뚱뚱했었어요?"

"아니, 아들 너야."

아들이 놀라서 묻습니다.

"나라고요? 아니지, 잘 봐요."

"아들 맞아요."

"배도 나왔고, 완전 내가 아닌데."

아들이 고개를 갸우뚱합니다.

지금의 모습에 익숙해 어린 시절의 사진을 어색해하더라고요.

"성장하면서 체형이 바뀌고 마음의 속도도 조절하기 힘들 수 있어. 그러다가 마음의 속도가 커가는 몸의 속도를 따라오지 못해서 놓치기도 하지. 그럴 땐 잠시 멈추어서 살펴봐야 해. 마음의 속도와 몸의 속도가 균형을 이루면 좋아. 잘 봐봐. 네 얼굴에 여드름도 없을 때는 할머니 얼굴도 완전 다르지. 변하신 거 보이니? 행동도 다르시고 옛날보다 많이 서운해하시잖아. 몸도 마음도 이렇게 변해 가는 거야. 그런 상황을 서로 인정하고 잘 받아들이자."

이때 사적인 경계는 지켜주세요. 자녀가 직접 말하지도 않았는데 먼저 아는 척한다거나 자녀가 먼저 이야기를 꺼내기 전에 자녀의 신체 변화, 성적인 행동에 대해 구체적으로 질문하는 것은 긍정적이지 않아요. 자녀가 마음을 닫아버릴 수도 있습니다.

성을 이야기할 때 양육자의 역할을 따로 구분할 필요도 없습니다. 양육자 두 분 중 말을 좀 더 쉽고 합리적으로 할 수 있는 분이 교육하면 됩니다. 양육자가 한 분이라면 당당하게 말씀하세요.

"너한테 얘기해주고 싶은 게 있어. 성에 관한 건데 성은 살아가는 삶 자체니까 불편해하지 않으면 좋겠다. 지금 불편하면 괜찮을 때 얘기해줘 기다릴 수 있어."

자녀와 어떤 주제로 이야기를 나누더라도, 그 자리에 있지 않았던 다른 양육자와 내용을 공유해야 자녀의 교육 균형을 맞출 수 있습니다. 자녀가 세상을 살아갈 때 필요한 규칙을 안내하는 역할을 같이 하면 됩니다. 아이가 성과 관련된 이야기를 꺼내면 눈살을 찌푸리거나 어릴 때부터 성교육을 할 필요는 없다고 생각하시는 분이 계십니다. 성에 관해 관심이 없거나 알지 못하던 아이가 성교육 때문에 오히려 성을 빨리 알게 하도록 하는 것이 아닐까 하는 두려움 때문이겠지요.

하지만 21세기를 살아가는 아이들은 문화를 정지된 화면이 아니라 순간순간 화면이 바뀌는 영상으로 인식합니다. 장래 희망이 유튜버인 아이가 많다는 통계 자료를 보면, 아이들은 자기 생각을 표현하려는 열망이 가득합니다. 각종 매체가 발달하면서 관련 정보를 쉽게 접할 수 있게 되었습니다. 이런 상황에서 성교육을 계속 미루기만 할 순 없겠죠?

성교육, 가정에서 해야 하는 이유

생활에 스며들게 하는 방식으로 성교육하는 데 가장 좋은 환경은 가정입니다. 가정은 자녀들이 정서적으로 가장 안정된 상태로 있을 수 있기 때문에, 성과 관련된 내용을 부담 없이 받아들일 수 있습니다. 자녀가 양육자에게 편하게 다가갈 수 있도록 마음을 열고 아이의 마음에 귀 기울이세요.

성교육은 일정한 공식이 있는 교육이 아니라 몸에 스며드는 교육입니다. 아이는 양육자의 표정, 말투, 분위기로 성 지식(성 문화)을 이해합니다. 양육자가 성을 불편해하거나 아이의 질문에 귀찮은 듯이 대답하면, 아이도 성과 관련된 이야기를 별로 좋지 않은 것으로 인식하고, 궁금한 것이 있어도 양육자에게 질문하지 않으려 합니다.

요즘 아이들은 양육자 세대에 비해 엄청난 양의 자극을 받으며 살고 있어요. 사회가 변화하고 인터넷과 핸드폰이 등장했습니다. 성적 자극을 주는 매체가 점점 늘어났고 접근하기도 훨씬 쉬워졌기에, 아이들이 성과 관련해서 일찌감치 호기심을 갖기 시작합니다. 아이가 어리기 때문에 성교육은 학교에서 교육하는 것만으로도 충분하다고 생각하기 쉽지만, 그건 양육자의 희망이지요. 마음만 먹으면 양육자의 주민등록번호와 전화번호로 접속해 성인 동영상을 볼 수도 있고, 극소수지만 다양한 방식으로 성적인 유혹을 하는 어른과 문자를 주고받을 수도 있습니다. 이런 일이 발생하기 전에 아이들과 먼저 성에 관한 이야기를 나누고, 건강한 성인지 감수성을 갖추게 된다면 그나마 극단적인 상황까지 경험하지 않으리라는 믿음이 있습니다.

2. 호기심 어린 질문을 할 때가 성교육을 시작할 때

"아이 성교육은 언제부터 하면 좋을까요?"

성교육에 관심 있는 양육자의 질문입니다. 우리 아이 성교육은 언제부터 해야 할까요? 태어나기 전부터? 성에 호기심이 생기기 시작할 때부터? 사춘기에 접어들 무렵부터?

저는 임신하는 순간부터 성교육을 해야 한다고 봅니다. 성별을 구별하지 않고 아이가 안전하게 태어나기를 바라면서 태담하는 시기부터 성교육이 시작되는 것이지요. 그리고 자라면서 양육자의 삶이 아이에게 스며듭니다. 의사소통이 가능한 다섯 살 아이에게 성 지식이나 정보를 알려주기 전 성의 느낌 즉, 오감 교육도 성교육에 들어간다고 보는 거죠. 아이가 아직 성에 대한 느낌이 없을 텐데, 성기를 자꾸 만집니다. 그게 뭐냐고 묻기도 하고, 엄마랑 아빠랑 왜 다른지도 물어보고요. 아이가 성을 알기 때문일까요? 아닙니다.

아주 어릴 때 몸에 특별히 관심을 보이는 현상은 이상한 게 아니라 아이가 자라면서 접하는 자연스러운 과정입니다. '우리 애가 왜 남들보다 앞서가지?' 하고 지레 걱정할 필요는 없습니다. 이 관심은 자기 몸에 대한 호기심입니다.

만 4~6세 무렵이 되면, 아이는 수줍어하기 시작합니다. 속옷을 갈아입을 때 타인을 의식하죠. 이것은 자연스러운 현상이므로 아이에게 미리 부끄러움을 가르칠 필요는 없습니다.

많은 양육자가 고민하는 아이의 자위행위를 통해서도 아이의 욕구를 이해하고 관찰할 수 있습니다. 오은영 선생님은 유아의 자위행동을 촉각 놀이, 감각 놀이라는 용어로 표현하자고 제안했습니다. 아이의 자위행동을 억압하지 말고 자연스럽게 경험할 수 있도록 지켜보세요. 몸을 터치하는 것에 있어서 아이들은 불편하다는 느낌이 어떤 것인지 모를 수도 있어요. 유아기에 성교육을 한다는 것은 성을 부추기는 게 아니라, 관계 교육과 경계 교육을 하는 겁니다. 다른 사람과의 거리를 인정하게 하는 거죠.

유치원에서 장난으로 친구의 옷을 들치거나 엉덩이를 만지거나 친구가 좋다고 달려가서 안는 행동을 하면 어떻게 교육해야 할까요. 경계 교육을 해야 하는 시점입니다. 본인의 행동이 누군가를 불편하게 할 수도 있음을 알게 해주세요. 경계선을 정확하게 하는 것과 동의를 꼭 설명하세요.

유치원에서 놀이터로 갈 때 아이가 좋아하는 친구 손을 잡으려고 합니다. 친구한테 말도 안 하고 손잡는 행동은 친구의 경계선을 넘어가는 행동입니다. 꼭 물어야 해요.

"친구야 손잡아도 되니?"

"응, 좋아."(허락할 때) / "아니, 싫어."(거절할 때)

"어제는 잡아도 된다며? 오늘은 아니야?"

"응, 오늘은 싫어."

어제는 허락해도, 오늘은 거절할 수도 있습니다. 날마다 같지 않아요. 손을 잡고 싶고 놀고 싶으면 그때그때 물어야 합니다.

이때 거절하는 친구가 있다면 그 또한 인정하게 하세요. 놀 수도 있고 안 놀 수도 있음을요. 성교육은 관계 교육입니다. 존중 교육입니다.

사람은 모두 달라요. 어깨동무를 좋아하는 친구, 손잡는 걸 좋아하는 친구도 있고, 안 좋아하는 친구도 있어요. 우리 몸의 경계는 보이지 않지만 보이지 않는 선으로 우리 몸을 둘러싸고 있어요.

이후 구체적인 성교육은 아이가 양육자에게 관련된 질문을 할 때 시작하면 됩니다. 성과 관련해 궁금해하지도 않고 물어보지도 않는 아이한테 성교육한다고 하면 역효과가 날 수 있습니다. 하지만 유튜브나 각종 SNS를 통해 어마어마한 양의 정보를 빠르게 습득하는 아이들이 양육자가 성교육의 필요를 자각하는 때보다 늦게 질문을 해 오는 경우는 아주 드물 거예요.

3. 유아기 아이의 질문에는 '단순하게 즉시' 대답하기

양육자부터 서로 의견을 공유하고, 나이에 맞는 교육 지침을 찾아봅니다.

유네스코는 나이를 5~8세, 9~11세, 12~15세, 16~19세로 구분하여 교육 지침을 제공합니다. 북유럽 국가 스웨덴, 덴마크는 6세부터 성교육을 시작합니다. 우리나라와 별 차이가 없습니다.

아이들 대부분 유치원이나 어린이집 등 교육기관에서 보내는 시간이 많아요. 이때는 남자, 여자로 성별을 나누기 시작하는 단계입니다. 성교육은 이때부터 시작해야 합니다. 남자 친구랑 여자 친구랑 놀 때 자연스럽게 문을 열고 놀게 하되, 관찰은 떨어져서 하세요. 아이들이 불편하지 않게요.

생물학적인 차원에서 설명된 유아용 성교육 동화책이나 실물 수업에 해당하는 성교육이 과연 적합한지 생각해 보아야 합니다. 아이들 발달 단계에 맞지 않은 설명, 생물학 정보는 오히려 내면 발달에 역효과를 가져올 수 있기 때문입니다.

성적 표현의 문제를 풀기 위해 양육자는 아이 발달과 관련해 폭넓게 이해하고 있어야 합니다. 정자, 난자, 임신, 출산 등 생물학적인 부분에 치중한 성교육이 아니라 일상생활 전반을 성교육의 범주로 포함합니다.

유아기의 성교육은 아이의 질문에 '단순하게 즉시' 대답해주어야 합니다. 지적 호기심이 아니라, 단순한 호기심이니까요. 아이가 질문하지 않은 부분까지 깊숙하게 파고들어 이야기할 필요도 없고, 아이가 궁금해하는 것을 비교적 단순하게 설명하면 됩니다.

양육자는 제대로 된 정보를 알려주어야 한다는 생각에 평소에 쓰지 않는 단어까지 써 가며 설명하는데, 때로는 정확하게 알려주어야 하지만 은유적인 단어로 말해도 괜찮습니다. 유아기 성교육은 이론이 아니라 차이를 설명하고 존재 자체가 소중한 것임을 알게 하는 것입니다. 단, 몸의 명칭은 정확하게 알려주세요.

다른 교육과 마찬가지로 성교육 역시 처음이 중요합니다. 유아기에 배운 성 개념이 청소년기와 성인기에도 영향을 미치기 때문이지요. 그러기에 올바르고 긍정적이되 아이의 눈높이에 맞추어 성교육을 해야 합니다.

어느 날 아이가 이런 질문을 합니다.

"아기는 어디로 나와?"

여러분은 어떻게 대답하시겠어요?

"너는 어디서 나온다고 생각하니?"

아이의 생각을 먼저 물어보고 대답하는 게 좋습니다.

"엄마 배에는 바다 같이 물이 든 아기집이 있어. 그 속에서 아기는 먹고 자고 하다가 아가가 엄마한테 신호를 보내. 똑똑, 엄마, 저 여기서 나갈래요. 그럼 엄마는 아기가 나오는 길을 만들어주지. 이 길은 어두운 터널 같아서 보이지 않아. 아이가 빛이 있는 방향으로 나오는데 거기가 엄마의 '질의 길'이야. 그 길을 따라서 아기가 나오는 거야."

이렇게 얘기하면 어려워하지 않고 이해합니다.

"아기가 길을 따라 나올 때는 머리가 내려와 있어야 하는데 다리가 내려와 있을 때가 있어. 그러면 의사 선생님 도움으로 길을 만들지. 이

길은 제왕절개라고 해."

이때 인형을 이용하셔서 설명하면 아이들이 이해하기 쉬워요. 이렇게 하나를 설명하고 나면 다음 질문이 이어집니다.

"그럼 아기는 어떻게 엄마 몸에 들어가 있어?"

"좋은 질문이네. 우리 ○○이를 만나고 싶어서 엄마랑 아빠가 이야기를 나눈 뒤 아기씨를 가지기로 했어. 아빠 몸에 있는 아기씨가 엄마 몸에 있는 아기집에 물어보네. 똑똑 우리 만날까요? 물어본 다음에 좋다고 하면, 아기집을 만들어서 아기씨가 집으로 들어가고, 열 달 동안 자라서 우리 멋진 ○○이가 태어난 거야. 이런 질문도 하고 우리 ○○이 많이 컸네."

질문에 긍정적으로 대화하면 아이는 무엇이든지 양육자와 함께하려고 할 것입니다.

4. 일상적인 대화로 소통 시작하기

많은 아이가 성과 관련해서 이야기를 나누고 싶은 사람으로 가장 먼저 양육자를 꼽습니다. 양육자도 성교육의 필요성은 알지만 제대로 된 성교육을 받지 못했기 때문에 자녀와 성에 관해 이야기한다는 것

자체를 어색해합니다. 그렇더라도 시도는 해봐야 하지 않을까요? 아이들 문화를 접하셔야 아이와의 소통 창구가 열립니다. 아이들은 책이나 그림 한 컷으로 개념을 이해하는 것이 아니라, 순간순간 화면이 바뀌는 영상으로 정보를 습득합니다. 그만큼 정보를 받아들이는 속도가 빠르죠. 아이들의 정보 습득 속도를 따라갈 수 없다면 그것이 빠르다는 흐름 정도까지는 파악해 두세요. 본인이 속도를 따라갈 수 없다고 벽을 만들지는 마세요. 그건 아이들과의 소통 창구를 아예 닫아버리는 행동입니다.

아이의 사생활 존중하기

아이는 자기 방에 들어가는 눈치만 보여도 이야기합니다.

"들어오지 마세요."

이런 말 들으면 마구 상처받을 수 있지만 사춘기에는 그럴 수 있다고 이해하세요. 엄마는 갱년기라고 이야기해도 아이는 갱년기 양육자를 이해 못할 수 있어요.

"우리 얘기 좀 하자." 하면 지레 겁먹고 불편해하는 아이라면, 대화가 중요한 것이 아닙니다. 친밀한 관계를 먼저 만들어야 대화도 할 수 있습니다. 친밀한 관계를 만들기 위해 양육자의 솔직한 마음을 구체적이고 간결하게 드러내세요.

"어떻게 해야 너한테 다가갈 수 있는지 엄마는 모르겠어. 너와 함께

하고 싶고, 네가 힘든 점이 있을 때 도와주고 싶은데 방법을 모르니 찾고 싶네."

아이가 무언가를 해야 한다면, 지시형이 아니라 제안형으로 대화하세요.

"그렇게 게임만 하면 어쩌려고, 그만해!"라고 하는 대신에 "○○해 줄래?" 또는 "○○해 볼 수 있겠니?"라고 물어보세요.

"알았어요. 그만 해요 그만한다고요."

마음이 한결 누그러졌지만 아이가 한 번에 "네"라고 친절하게 말하지 않을 수도 있습니다. 그래도 대화를 시작한 것이니 "고맙다. 고맙다."라고 하세요.

언성을 높이지 마세요. 사춘기 아이는 소리와 말투, 행동에 민감하므로 양육자가 소리를 지른다는 느낌을 받으면 더 반항할 수 있어요. 아이의 행동이 마음에 들지 않더라도 위험한 상황이 아니라면 그냥 지켜보세요. 양육자의 내공이 필요한 시점입니다. 지켜본다는 것은 방임과 전혀 다릅니다. 간섭과 잔소리는 멈추고, 아이가 어떤 일이든 시행착오를 겪고 무엇인가를 느끼도록 기다리세요. 이것이 아이가 바라는 '개인적인 거리'를 존중하는 것이며, 동시에 아이를 독립적인 존재로 인정하는 것입니다.

또한 아이를 다급하게 부를 때 "야! 야!"라고 부르지 않도록 신경 쓰세요. 아이들이 지시만큼이나 기분 나빠하는 소리입니다. 사랑으로 낳은 아이가 소중해서 이름도 지어주었는데, 양육자가 '야'라고 부르다니요.

이성교제에 대한 양육자의 마음 표현하기

성교육은 성을 인지하는 바른 태도를 길러주는 일입니다. 신체 차이는 확실히 인지하되 성역할에 대한 고정관념은 갖지 않게 해야죠. 성교육의 최종 목표는 아이들이 다른 사람들과 더불어 사는 방법을 배우는 것이고, 타인의 다름을 존중하는 것이라고 앞에서도 이야기한 바 있습니다.

또래 친구의 영향으로 성에 관심은 있지만, 아직 현실에 대한 가치판단이 정확하지 않으므로, 주관적이고 왜곡해서 이해할 수 있으니 아이들이 친구보다는 양육자에게 물어볼 수 있게 해야 합니다.

호기심으로 가득 찬 우리 아이가 이성 친구를 사귄대요. 양육자는 한 번도 생각해 본 적 없고, 아이가 더는 품 안의 자식이 아니라는 마음에 서운해서 생각하기도 싫을 수 있어요. 그렇다고 무조건 이성 친구를 사귀지 말라고 해야 할까요? 아니면, 아이 마음대로 사귀게 해야 할까요?

교제를 막는 양육자도 있고, 아이 앞에선 쿨하게 허락하고는 뒤에서 오만 걱정하시는 양육자도 있죠. 그런데 교제를 부정하면 자녀는 이성에 대한 설렘 같은 감정이나 관계 형성하는 법 등을 터놓고 물어볼 대상으로 양육자 외의 다른 사람을 찾을 수도 있어요. 양육자 몰래 숨어서 관계를 이어 가려고 하죠.

교제하면서 좋은 일, 설레는 일도 있겠지만, 고민되는 상황이나 불편한 상황이 생길 수도 있을 텐데, 이때 상담할 상대로 친구나 선배보다 양육자를 떠올리는 것이 좀 더 안전하지 않을까요? 우리가 그렇게 성장하지 않았지만, 아이의 생각과 관계를 형성할 기회를 존중하면 어떨까요? 아이들이 터놓고 이야기할 사람은 양육자라는 믿음을 보여주세요.

아들이 중2 때 일입니다. 늦은 밤 아들의 여사친이 카카오톡으로 음성 녹음해서 보낸 걸 우연히 들었습니다. "개새끼"라고 하더군요. 앞뒤 문자는 보지 않아 어떤 상황인지는 몰랐지만 깜짝 놀랐어요. 그러나 놀라는 모습을 뒤로하고 물었어요.

"친구가 왜 욕한 거야? 무슨 대화하다가 그런 말이 나왔어? 습관적으로도 욕을 하면 안 되는데, 아니면 뭐 다른 이유가 있니?"

"아니, 얘는 욕 안 하는 친구인데 왜 이랬지?"

"친구 얘기하고 싶어 하는 게 뭔지 물어봐. 욕을 녹음해서 보낸 데 이유는 있겠지만, 이유가 있다고 해서 욕을 해도 될까? 행동에는 책임을 져야 하거든. 욕을 녹음해서 보낸 건 언어폭력이기도 해."

욕하는 친구도 듣는 아들도, 그 상황이 언어폭력이라는 걸 모르는 것 같아서 얘기했어요. 당장은 불편하지 않더라도, 계속 듣다 보면 마음이 불편해질 수 있거든요.

"서로 존중한다면, 욕은 그만 안녕해줘."

아들의 감정도 있으니 더는 이야기하지 않았어요.

5. 아이의 감정을 모르면 모른다고 인정하기

미디어를 다루는 요령과 받아들이는 정보 소화력이 바르게 형성되면, 미디어의 홍수 속에서도 아이들이 길을 잃지 않고 잘 헤쳐 나갈 수 있습니다.

아이들에게 필요한 것은 몸과 마음이 다 소중하다는 것을 아는 것입니다. 몸을 소중하게 생각하고, 몸의 변화로 불안해하지 않게 하는 것이 중요하지요. 그러려면 성교육 전에 양육자의 태도가 매우 중요합니다. 2차 성징이 일어나는 아이의 모습을 인정하세요. 신체의 변화는 눈에 그대로 보이니까 그건 그대로 받아들인다고 하더라도, 마음이 달라지는 것은 어떻게 받아들일까요?

아이들의 생각이나 감정이 어떻게 변하는지 모르면 모른다고 인정하고, 아이의 행동을 통해 짐작한 것이 있으면 그 마음을 표현하세요. 스킨십에도 신중해져야 합니다. 그전까지는 기특하고 귀여워서 엉덩이를 툭툭 두들겼다면, 이제는 어린아이 다루듯 만지는 것을 삼가야 하고, 행동에 책임이 따르는 것도 알려줘야 합니다.

아이들의 사생활을 존중하는 마음도 중요합니다. 아이 방에 들어갈 때는 노크하는 습관을 들이고, 자극적인 성착취물을 보고 있는 것을 발견하면 화를 내거나 당황하지 말고 성착취물에 관해 먼저 대화하려는 마음의 여유가 필요합니다.

어떻게 얘기할지 모른다는 이유로 양육자가 서로 미루지 마세요. 전문가에게 의뢰하는 방법도 있으니 도움을 받으세요.

성에 대한 가치관을 바로잡아주는 것이 중요합니다. 부끄러워서 이야기를 꺼내지도 못하게 만들면 안 됩니다.

"난 친구와 교제할 때랑 스킨십에 관해서 너무 궁금한데 물어보기가 부끄러워요."

"그렇게 생각할 수 있겠다. 엄마도 처음에 할머니께 물어보기가 어색했어. 뭐라고 물어야 할지, 무얼 물어봐야 할지. 괜히 창피해지기만 하는 거 아닌가 하는 생각도 했지. 그런데 우리 몸이 불편하거나 아플 때는 학교에서는 선생님, 집에서는 어른한테 이야기하잖아. 마찬가지로 몸과 마음에서 일어나는 현상은 언제든지 양육자한테 물어도 돼. 그건 성장 과정의 일부분이야. 머리가 아파요, 이가 아파요, 배가 고파요 하듯이 마음이 이상해요, 친구가 궁금해졌어요. 이렇게 물어보면 돼."

"오호, 그러면 되겠네요. 조금 어려울 것 같지만 한번 노력해볼게요."

"고마워. 엄마는 언제든지 들을 준비가 되어있어. 말하고 싶을 때 똑똑 신호를 보내줘."

많은 아이가 가장 궁금해하는 것은, 어떻게 하면 성적 호기심을 건강하게 해소할 수 있는가입니다. 성적 호기심은 누구나 가질 수 있는 자연스러운 현상입니다. 하지만 그 행동에 따르는 책임도 있음을 이야기합니다.

6. 유년기 아이의 질문에는 '솔직하게 필요한 내용'만 설명하기

아이가 이렇게 묻습니다.

"내 몸에서 어떤 일이 일어나야 성관계(섹스)를 할 수 있는 거야?"

"궁금한 거 물어봐줘서 고마워. 사랑하는 사람이 생기고 나면 서로 물어본대. 우리 손잡아도 될까요? 우리 안아도 될까요? 이렇게 스킨십을 하면 몸에 변화가 온대. 그때 성관계를 하는 거야. 성관계는 동의가 꼭 있어야 하고 그 행동에는 책임이 따른다는 것 잊지 마."

"더 정확한 건 열한 살 되면 다시 질문해줘. 그때도 다른 사람 말고 엄마나 아빠한테 물어봐 줘. 그래야 설명이 이어지지. 근데 그런 게 왜 궁금했어?"

열 살까지는 여기까지만 설명하시고, 대신 아이가 왜 궁금해했는지도 경청하세요.

시간이 지난 후에, 다시 물어본다면 저는 이렇게 이야기할 겁니다.

"사랑하는 사람이 생겼으면 성관계를 하기 전에 꼭 물어봐야 해.

'똑똑똑 사랑하는 ○○야, 내가 안아도 될까요?'

이때 괜찮다고 하면 서로 성관계를 할 수 있는 마음 상태가 되는 거야. 스킨십을 하면 몸에 변화가 오는데, 음경이 커질 수 있어. 음경이 커지는 것을 발기된다고 하지. 그러고 나서 다시 물어봐.

'나의 음경이 사랑하는 ○○의 음순으로 들어가도 될까요?'

이때 반드시 상대가 '네'라고 동의해야 성관계를 할 수 있는 거야. 싫다고 하면 반드시 멈춰야 해."

이렇게 먼저 반드시 상대의 동의를 얻어야 함을 이야기한 후에, 피임과 관련해서 얘기해주세요.

"사랑하는 사이에 성관계하면 아이를 가질 수도 있어. 만약 아직 아이를 원하지 않으면 꼭 해야 하는 게 피임이야."

친구와의 스킨십이나 이성 친구의 호감을 자연스럽게 대화로 연결하는 연습이 필요합니다. 맞춤형 성교육이나 모임이 준비된 것이 아니므로 가장 편하게 대화할 상대는 양육자여야 합니다. 이렇게 얘기하는 게 쉽지는 않으실 거예요. 처음이 어렵지, 한 번 이야기하면 그다음부터 양육자는 아이의 편안한 의논 상대가 될 수 있습니다.

양육자가 적절하게 설명하지 않으면, 아이는 다른 방법으로 호기심을 해결하려고 합니다. 그 과정에서 왜곡된 성 지식을 얻을 우려가 있지요. 아이가 구체적인 성 지식을 궁금해할 때 남녀의 생식기와 정자, 난자 등을 눈높이에 맞게 설명한다고 음경을 '고추', '소중이'라고 가르치는 경우가 있는데, 그러면 성과 관련된 많은 행동을 대수롭지 않게 여길 수도 있습니다. 성과 관련된 모든 이야기가 엄숙하고 진지해야만 하는 것은 아니지만 다른 사람과의 접촉과 연관될 때는 대수롭지 않은 듯이 대하는 태도는 바람직하지 않습니다. 그러니 아이들이 물어보면 두루뭉술하게 넘기지 말고 '음경', '고환', '음순'이라고 용어를 정확히 설명해주세요.

아이가 놀라지 않고 더 궁금해하지 않도록 알맞은 비유를 하고, 짧은 문답을 곁들여도 좋지요. 이때도 인형을 이용하여 설명하면 아이들이 이해하기가 쉽습니다. 인형을 이용해서 설명할 때는 상대 역할을 아이가 해보게 합니다. 아이가 어느 정도 이해할 만한 수준이면 됩니다.

일단 아이가 알아들으면 아이의 상황과 인지를 잘 살펴보면서 상세하고 다양한 질문도 같은 방식으로 얘기해보세요.

아이들이 놀다가 유치원 선생님이 되어 보는 학교 놀이를 합니다. 선생님 역할을 하는 친구가 자기가 몸에 대해 잘 알고 있으니 설명하겠다고 합니다.

"얘들아, 너희 고추를 뭐라고 하는지 알아?"

"나, 알아. 소중이."

"아니야, 잠지야."

"그건 여자지."

"어, 여자, 남자는 다 같다고 했는데…."

아이들의 여러 이야기들을 듣던 어머니는 이렇게 정리합니다.

"다 맞아요. 우리 선생님한테 좀 더 정확히 알아보는 건 어떨까?"

성기 명칭 하나에도 이런저런 이야기를 나누는 아이들을 보며, 당황스럽다며 수업을 요청하는 양육자님도 계십니다. 성교육하다가 힘드실 때는 전문가의 도움을 요청하는 것도 방법입니다.

남매는 몇 살까지 같이 목욕할 수 있나요?

대중목욕탕 남탕에 여자아이가 몇 살까지 입장할 수 있을까요? 또 남자아이는 여탕에 몇 살까지 입장할 수 있을까요? 다섯 살입니다. 이와 비슷하게 어린 자녀들을 몇 살까지 같이 샤워시킬 수 있는지 많이 물어보십니다. 양육자분은 몇 살까지 가능하다고 생각하시나요?

우리 모두에겐 경계가 있어요. 형제, 남매도 경계를 의식해야 해요. 간혹 "우리 집은 불편하지 않아요. 가족 다 같이 목욕해요." 하고 말씀하시는 양육자가 있습니다. 그게 언제까지 편할까요?

초등 11세 딸과 13세 아들이 목욕을 함께 한다면, 그때 뭐라고 하면서 안 된다고 하실 건가요? 초등학교 입학하기 전부터 아이가 사생활을 존중받는 방식을 학습하고, 경계를 숙지하는 것이 좋습니다. '집에서는 괜찮겠지.' 하지 마시고 유치원 때부터 서서히 혼자 샤워하는 습관을 들여주세요. 가족이어도 나랑 친한 친구여도 내 몸 보는 건 안 된다고 하세요. 어릴 때부터 가정에서 타인을 존중하는 마음을 연습해야 합니다.

성적 호기심은 아이마다 개인 차이가 큽니다. 양육자 대부분은 자녀 성교육에 관한 교육을 받은 적이 없어서 성을 주제로 자녀와 대화하는 게 쉽지는 않을 거예요.

어렵다고 느끼시면 인체를 다루는 책이나 그림 등을 통해 알려주는 방법이 있습니다.

"남자와 여자의 몸은 같은 점과 다른 점이 있어. 남자는 음경이 앞으로 나와 있고 그곳으로 소변을 보는데, 여자는 소변보는 길이 몸 안에 있어."

"왜 그런 거야?"

"여자와 남자 모두 성기가 있는데, 남자 음경은 밖으로 나와 있고, 여자 음순은 안으로 들어가 있거든."

"근데 왜 앉아서 봐야 해?"

"앉아서 소변을 보는 게 편하니까. 만약 서서 보고 싶으면 한 번 해

봐. 그런데 옷에 소변이 묻어서 불편할 걸. 남자도 마찬가지로 서서 보든 앉아서 보든 자기가 편한 방법을 선택해서 보면 돼."

서로의 몸을 비교하는 남매와 어떻게 대화할까?

연년생 남매를 둔 한 양육자의 고민입니다.

"여덟 살 아들인데 한 살 터울인 여동생의 음순을 보려 하고, 만지려 하고, 심지어는 제 엉덩이도 만져요. 그때마다 '다른 사람이 네 엉덩이 만지고 음경 만지면 기분 좋아, 안 좋아? 그런 사람을 뭐라고 부르는지 알지?'라고 했어요. 저희 아이, 왜 그럴까요? 이럴 땐 어쩌죠?"

정상적인 아이 모습입니다. 초등 저학년(1~3학년)의 성적 호기심은 아이마다 개인 차이가 있습니다. 처음 경험하는 초등학교 생활에 대한 열정으로 가득 차 있어 성적 호기심이 없다고 생각하는 양육자가 많은데요, 그렇지 않아요. 초등 저학년도 개방적인 방송, 유튜브, 인터넷 등 매체 활용을 일찍 시작한 친구들은 빨리 관심을 가질 수 있어요. 가치 판단이 확립되기 전이므로, 주관적이고 왜곡해서 이해하기도 합니다. 자기 신체 일부 특히, 성기에 관심을 보이면서 시작됩니다.

"엄마, 오빠가 자기랑 배꼽 모양이 같은지 보여 달래. 난 보여주기 싫어."

"가족이라도 서로의 몸을 보면서 비교할 수 없어. 엄마도 아빠도 서로 몸을 보여 달라고 하지 않아. 엄마가 오빠한테 얘기할게. 다음에도 이런 일이 있으면 얘기해줘."

우선 누군가를 만지는 것은 가족 구성원도 안 된다는 것을 이야기해주세요. 또래 친구 사귀기 및 놀이에 더 관심이 크므로, 임신, 출산, 남녀의 차이와 변화 등의 성에 대한 자세한 이야기는 별 의미가 없어요. 성에 대한 지식과 대화를 본인 또는 이성의 성기에 대한 호기심, 이성과의 친밀감 표현에는 책임이 따르는 점과 행동의 범위가 주는 책임을 정확히 알려주세요. 성행위, 임신, 출산의 생물학적인 지식이지만 쉽지 않아서 연습이 필요합니다. 우리도 양육자가 처음이니까요. 아이와 같이 성장하는 거라고 봐요.

아이는 어떻게 생기느냐는 질문에 대처하기

초등 고학년(4~6학년)이 되면, 자기 신체 변화를 경험하는 친구도 생기기 시작합니다. 키가 커지고, 목소리가 변하거나, 가슴이 나오고, 신체적 변화에 대한 호기심을 또래를 통해 해결하려는 경향이 있어요. 양육자가 아이의 성적 호기심 가득한 질문에 적절하게 대답한다면 아이가 커가면서 하는 고민에 공감할 수 있습니다.

성교육할 때 차분하고 편안한 분위기에서 얘기해주세요. 아이는 단순한 호기심 때문에 궁금해하는 것입니다. 호기심은 당연하니 물어본 걸 칭찬해주세요. 그래야만 이후에도 아이는 궁금한 점을 양육자에게 물어봅니다.

"사랑하는 사람과 관계하면 아이가 무조건 생기나요? 그리고 아기는 언제까지 낳을 수 있어요? 우리 엄마도 또 낳았으면 좋겠어요."

"선생님, 저 엄마한테 물어보려고 했는데요. 남녀가 사랑할 때 왜 여자가 밑에 있어요?"

수업 중에 한 아이가 질문을 걸어오자, 다른 아이도 이어서 질문하기 시작합니다.

"음, 그게 궁금했구나. 관계의 모습이 꼭 정해져 있지는 않아요. 둘만의 관계 방식은 둘이 의논해서 정하는 거고, 사람마다 행동 방식은 다를 수 있어요."

'벌써 이런 걸 물어?' 하고 놀라거나 이상하게 본다면 아이들은 아는 형이나 언니한테 또는 매체를 통해 왜곡된 성을 묻고, 답을 얻습니다. 그렇게 얻은 성 지식을 정확한 성 지식으로 이해합니다.

양육자로서는 아이가 걱정스러운 영상물을 본 게 아닐까 의심할 수도 있지만, 아이는 주변에서 듣는 이야기나 책, 광고, 드라마 등 다양한 매체를 통해 상상하면서 물어볼 수 있습니다. 다그치지 말고 아이가 편하게 이야기할 수 있도록 양육자가 노력해야 합니다.

"어디서 본 적이 있니? 왜 그렇게 생각했어? 궁금한 거 물어봐줘서 고마워. 그런데 나도 설명하기가 어렵네. 우리 같이 알아보자."

이렇게 말하면 아이들은 무엇이든지 물어도 부끄러운 게 아니라고 생각하고, 양육자나 선생님이 공감한 부분을 긍정적으로 받아들여서 이후에 다른 것도 숨기지 않고 질문할 수 있게 됩니다.

성을 주제로 아이와 대화하는 데 마음이 무겁다고 하는 양육자가 많습니다. 우리가 어릴 적에 이런 교육을 양육자한테 받은 적이 거의 없기 때문입니다. 성인이 되어서도 아이 성교육에 관한 교육을 받은 적도 없고요.

아이의 질문에 틀린 답을 이야기한 걸 알았다면 다시 이야기해 주세요. "미안해 잘못된 답을 말했어."라고 정정해 주세요. 양육자도 아이가 질문해준 덕에 같이 알아갈 수 있다고 이야기해도 좋습니다. 처음엔 아이 눈을 마주 보고 대답하기 쑥스러울 수도 있어요. 그럴 땐 드라마나 영화에서 적절한 장면을 함께 보고 나서, 또는 산책하면서 이야기 나누어도 좋습니다. 자연스럽게 이야기하는 것이 가장 좋습니다.

드라마나 영화 줄거리로 미디어 리터러시 능력 키우기

TV 드라마에서 데이트하다가 남자가 여자를 벽에 밀어붙이면서 키스해요. 대사도 없고, 동의도 없이 그냥 스킨십만 나왔는데 박력 있는 남자의 모습으로 그리면, 아이들도 데이트와 스킨십은 저렇게 하면 되는구나 하고 인식할 수 있어요.

함께 드라마를 보시다가 이런 장면이 나오면 자녀에게 물어보세요.

"아들, 저기서 여자가 키스하는 데 동의한 거 봤어?"

"아무 말도 안 했는데, 언제 동의했어요?"

"남자가 키스하기 전에 여자한테 눈빛으로 동의를 구했잖아."

"난 못 봤는데. 근데 눈빛으로 동의를 구했다고요?"

"응, 눈으로 물어봤어. 눈으로 물어보는 걸 비언어라고 하는데, 말이 아니라 눈빛이나 행동으로 물어보는 거야."

현실에서는 상대방이 동의해야 한다고 교육하는데, 미디어에서는 생략하는 경우가 많습니다. 자녀가 유튜브를 많이 보는지 넷플릭스를 많이 보는지 주로 접하는 미디어를 알아야 합니다. 생활 속 미디어에 감춰진 편견을 알아야 합니다. 미디어가 위험한 이유와 문제점을 정확하고 쉽게 알려주는 것도 좋지만, 아이가 자연스럽게 받아들이려면 질문을 통해 스스로 생각해보는 시간을 갖도록 해주세요. 아이가 한 번쯤 더 생각해볼 수 있도록 판단 능력을 키워주세요.

여기에서 미디어 리터러시의 뜻을 알아야 하겠죠. 다양한 미디어에 접근하고, 미디어가 제공하는 정보와 콘텐츠의 배경과 맥락을 파악하여 비판적으로 이해하며, 자기 생각을 미디어를 활용해 표현, 공유하는 포괄적 역량입니다. 타인의 권리를 침해하지 않고 미디어를 건강하게 활용하는 능력을 뜻하기도 하지요.

일부 양육자는 아이들에게 미디어에 접근하지 못하게 하기도 하는데요. 효과적인 방법이 아닙니다. 아이들 스스로 분별력 있게 미디어를 해석하는 능력을 길러주는 것이 중요합니다.

아이들 스스로 해로운 정보는 거르고 미디어를 건강하게 즐기는 방법을 알려주세요. 정보를 가려서 습득할 수 있도록 꾸준히 교육하세요. 미디어 리터러시 교육을 받은 아이들이 미디어를 보고 유해 여부를 스스로 판단할 수 있도록 생각을 나누는 기회도 마련하세요.

7. 때와 장소를 가리지 않고 양육자의 스킨십에 집착하는 아이에게는…

때와 장소를 가리지 않고 엄마의 신체 부위에 집착하는 아이 때문에 당황하신 적도 많으실 거예요. 아이가 애정 결핍에 걸린 건 아닐까 하시는 엄마도 많으실 텐데요. 이건 애정 결핍 문제는 아니니까 걱정하지 마세요. 아이가 엄마의 신체 부위에 집착하는 이유는 거슬러 올라가면 아기 때의 경험에서 출발해요.

혼자 있거나 몸이 불편할 때, 자기 뜻대로 되지 않을 때 등 아이는 불안해합니다. 이 불안감을 견딜 방법이 바로 양육자를 확인하는 거랍니다. 그래서 아이들이 유독 신체 한 부위에 집착하는 거예요. 아이가 양육자를 만지는 걸 잘 관찰하면 눈을 감은 채 단순한 동작을 반복하면서 촉각으로 자극을 느끼는 걸 볼 수 있는데요. 아이는 이런 행동을 통해 최면 상태로 유도되어 최대한 빨리 이완 상태에 도달합니다. 이 과정을 반복하다 보면 아이는 양육자의 특정 신체 부위를 만짐으로써 조건반사 하듯이 빠르게 이완할 수 있어요.

특히 아이들이 엄마 가슴에 유독 집착하는 걸 자주 볼 수 있습니다. 아이는 불안하고 마음이 불편해지면 유아기에 쓰던 방법을 사용합니다. 유아기 때는 주로 양육자의 신체를 만짐으로써 안심합니다.

이를 예방하려면 미리 만지는 행동을 줄이자고 약속해야 해요. 아이가 외출했을 때도 신체 부위에 집착하는 행동을 멈추게 하려면, 밖에서 아이가 엄마의 신체를 접촉하는 행동이 불편한 사실을 인지시키고 기분이 좋지 않다는 걸 일러주어야 해요.

"이렇게 사람이 많은 곳에서 엄마를 만지는 행동은 그만해줘. 엄마가 매우 불편하네."

"엄마, 나를 사랑하지 않는 거야?"

"엄마가 너를 안 사랑해서 그러는 게 아니라, 엄마도 엄마 몸이 소중해. 우리 ○○도 엄마를 인정해줘야지. 엄마는 내 몸을 밖에서 누가 만지는 게 싫어. 엄마가 우리 ○○이 안아주고 싶을 때, '안아도 돼?' 하고 미리 물어보잖아. 그것처럼 ○○이도 엄마한테 만져도 되느냐고 물어봐야지? 더구나 주위에 사람도 많고 공공장소에서는 더 싫어. 앞으로 우리 서로 예절을 잘 지키자."

이렇게 대화하고 아이가 왜 불안해하는지 요소를 찾아서 해소하세요. 아이가 어릴 때부터 좋아하던 사물이 있다면 그것을 주어도 괜찮고, 엄마나 아이와 관련이 있는 물건을 항상 들고 다니면서 만지게 하는 것도 좋아요. 불안을 대체물로 넘기는 시기에 마음속에 있는 불안감이나 불편함을 통제하는 힘이 생기도록 도와주어야 합니다.

엄마의 신체 부위를 궁금해하는 아이한테 물어보세요.

"엄마 몸이 왜 궁금해졌어? 궁금한 거 물어봐줘서 고마워. 어디가 제일 궁금해?"

생후 30개월부터 유아는 남성과 여성의 차이를 알게 됩니다.

"남자와 여자의 몸에 어떤 차이가 있을까?"

이때 신체의 정확한 명칭을 사용해서 알려주는 게 좋아요. 큰 도화지에 양육자를 같이 그리면서 같이 알아가는 방법도 좋고, 양육자를 실제로 그려 보는 것도 좋습니다. 그림을 보면서 아이가 어디를 궁금해하는지 물어보면 하나씩 알려줘도 좋고, 그림 위에 궁금한 곳을 표시해서 물어보라고 해도 좋습니다. 그다음에 이게 왜 궁금했는지를 물어보면 아이의 마음을 알 수 있습니다.

둘째가 생길 때 아이가 집착하는 행동을 보이는 경우가 있는데, 어느 정도 결핍을 느꼈을 가능성은 있지만 그렇다고 해서 양육자가 해결할 수 있는 게 아닐뿐더러 결핍이 아이에게 그렇게 해로운 것도 아닙니다. 결핍을 극복하는 과정에서 아이만의 개성이 생기기도 하거든요. 이럴 때 아이에게 더 잘해주려고 하지 말고 양육자가 줄 수 있는 만큼의 사랑을 일관되게 주기만 해도 충분하답니다.

8. 나답게 행동하는 아이로 키우려면

외모에 관심이 많은 아이

"난 왜 이렇게 작아요."

"난 왜 모습이 달라요."

자녀가 이런 말을 하면 먼저, 아이의 마음에 공감부터 하세요. 분명 이유가 있을 겁니다.

"왜 그런 생각을 했어? 어디가 얼마만큼 작게 느껴지는데?"

이렇게 묻고 아이의 말을 경청한 후에 부정적인 마음을 다른 방향으로 돌릴 수 있게 이끌어주세요. 마음의 소리를 들어주세요.

"친구들보다 작잖아요."

"그런 생각 때문에 힘들겠네. 그런데 모든 사람이 달라. ○○이도 얘기하잖아. 아줌마끼리 만나서 애들을 서로 비교하지 말라고. 엄마도 엄마 친구랑 비교하면, 엄마의 좋은 점보다는 단점이 더 잘 보여. 우리 비교하지 말고 우리 모습의 장단점을 인정하면 어떨까?"

"흠…."

아이가 이런 말을 한다면 마음이 무너지면서 내가 작아서 우리 아이도 작나? 속상해하실 수 있어요. 하지만, 잠시 속상한 마음은 뒤로 하고 아이의 고민에 공감하는 게 먼저입니다.

"그러게 고민이 되겠다. 그런데 아직 크는 단계라 지금의 키가 어른이 될 때까지 그대로 있지 않을 수도 있어. 걱정되면 키 크려면 어떻게 해야 하는지 같이 방법을 알아보자. 그리고 눈에 보이지는 않지만 내면의 키도 함께 클 수 있게 하면 어떨까? 엄마 키도 작은데, 지금까지 생활하면서 누군가 나를 이상하게 바라본다고 느낀 적이 없었거든. 엄마는 엄마야. 있는 그대로를 좋아하지."

"응, 맞아요. 엄마는 괜찮아 보여요."

"엄마도 우리 ○○가 전혀 다르게 보이지 않아."

"보이는 몸도 중요하고, 움직이는 몸도 중요하고, 내면도 중요해. 가끔 마음의 가치를 잊는데, 몸과 마음은 항상 함께야. 다른 사람의 외모를 평가하는 기준은 없어. 평가해서도 안 되고. 그건 보이지 않는 폭력이야."

"학교에서 신체검사하고 기록하잖아요. 그건 외모 평가 아닌가요?"

"그건 건강에 위험은 없는지, 잘 성장하고 있는지 체크하는 거야. 외모를 평가하는 기준은 아니란 말씀."

이렇게 양육자의 공감만으로도 자녀는 자존감을 회복할 수 있습니다.

사람은 다 다르게 태어납니다. 아이가 자신의 장점이 얼마나 멋진 것인지 스스로 찾게 하세요. 물론 단점도 있지요. 장단점이 조화를 이뤄 나의 개성이 드러나는 것임을 인정하는 게 중요합니다.

얼마 전 예비 초등교사인 서울교대 남학생들이 여학생들 외모를 평가하는 책자를 만들어 돌려봤다는 뉴스가 보도되었습니다. 친구들이 단톡방을 만들어서 여학생들 순위를 정해가며 평가했지요. 누군가를 평가한다? 대회에 출전한 것도 아니고 경연 대회에 나간 것도 아닌데 왜 이런 일들이 일어날까요? 어른이 아이들 앞에서 끊임없이 누군가를 평가하지 않았을까 돌아봐야 하는 지점입니다.

아이의 존재 자체를 인정하고 성향을 존중했다면 나와 타인을 비교할까요? 우리는 다 다르게 태어났어요. 그러니 다 다른 게 당연하지요. 이 점을 인정하고 나의 아름다움은 무엇일까? 아이와 양육자가 같이 찾아보는 건 어떨까요?

여자답게, 남자답게가 아니라 자기답게

초등학교 2학년과 수업하던 중에 이런 일이 있었습니다.

"우리 책상 줄 맞추고 수업해요."

한 남학생이 이렇게 말했습니다.

"이렇게 줄 맞추고 청소하는 건 여자가 훨씬 잘해서 저는 안 할래요."

"왜 그렇게 생각했어요?"

"그냥요. 원래 그런 거예요."

아이가 원래 그렇다고 한 답은 누구의 의견일까요? 양육자의 잘못된 생각이 아이에게 스며들었음을 느꼈습니다. 백종원 씨는 남자인데도 요리를 너무 잘하시잖아요. 생활에서 남녀 역할을 구분하는 일은 그만둬야 합니다. 남녀는 서로 부족한 면을 채우고 배려하는 것이 당연하다는 걸 알아야 합니다. 한쪽이 한쪽을 도와주는 게 아니라 두 사람이 함께하는 것입니다.

일상에서 접하는 언어에 우리도 모르게 물드는 경우가 많아요. TV 홈쇼핑 채널을 보면 다양한 상품을 소개하면서 쇼 호스트들이 이렇게 말합니다.

"너무 여성스럽네요."

"이 색 좀 보세요. 진짜 여성을 위한 색이죠."

"얼마나 남자다운가요."

"정말 남자답게 잘 드시네요".

남자와 여자의 고유한 성질과 풍부한 다양성을 단칼에 단정하고 마는 말이 많습니다. 무심히 하는 말속에 구분과 차별과 선입견이 묻어 있고 그것이 우리도 알아채지 못하는 사이에 아이들 마음속에 스며들고 있어요. 이제 나부터, 우리 집부터 연습해요. '여자답다', '남자답다'가 아닌 '○○(아이 이름)답다'로요.

태어나지도 않은 아이를 색깔로 구분하는 예도 있습니다. 산부인과에서도 아이 옷 색깔로 성별을 알려줍니다. 임신한 어머니가 "아이 성별 좀 알 수 있을까요? 준비할 물품 때문에 걱정되어서 그래요."라고 말하면 의사가 "파란색 옷(또는 분홍색 옷) 준비하셔야겠어요."라고 대답합니다.

남자아이와 여자아이에게 각각 특정한 색깔이 배정된다고 생각하는 것이지요. 안타까운 현실입니다. 저는 아들이 어릴 적에 분홍색 내복과 빨간색 바지를 고루 입혔어요. 아이도 자연스럽게 받아들였고요. 색으로 아이들에게 고정관념을 심어주지 말자는 이야기입니다.

아직도 아이들 사이에서는 색으로 성별을 나누는 경향이 많아요. 옷이든 장난감이든, 색깔을 다룰 때는 아이의 의견을 물어보는 연습이 필요합니다. 양육자와 아이 모두 자잘한 것도 연습하면서 생활 주변에 은근히 많은 고정관념을 하나씩 없애보아요.

"우리 집 애는 얼마나 씩씩한지 몰라요. 제가 장을 볼 때 무거운 짐도 잘 들어줘서 참 든든해요."

그 얘길 듣던 따님만 둘이 있는 양육자님이 이렇게 얘기하셨습니다.

"역시 아들이 든든하시죠? 부러워요 전 딸만 둘이에요."

"네? 저도 딸만 둘인데요."

"씩씩하다면서요."

"여자도 씩씩할 수 있죠. 우리 딸은 멋진 군인이 될 거라서 씩씩하다는 말 많이 써요."

무의식중에 우리가 하는 말을 여성적인 것과 남성적인 것으로 구분하는 것은 아닐지 돌이켜봤으면 좋겠어요. 이런 고정관념이 아이의 정서에 스며들 수 있습니다.

9. 더 중요한 성별은 없습니다

의식하지 못하는 사이에 성별을 구분하는 문화에서 자란 양육자가 자녀에게 성교육을 하려면, 우선 양육자 자신의 성 개념과 성 가치관을 점검해야 합니다.

제가 어릴 적에, 오빠들 방에 원기소라는 비타민이 있었어요. 오빠들 건 있는데, 전 여자라서 안 사주셨지요. 오빠들이 나가서 아무도 없을 때 몰래 오빠 방에 가서 원기소를 쏟아 삼등분 하고, 몰래 먹었던 기억이 있습니다.

지금은 상상도 할 수 없는 일이지만, 방법과 형식이 변했을 뿐, 딸이면 양육자 말에 순종하고, 양보하는 모습은 아직도 남아있습니다.

가정에서 "언니니까 양보해야지.", "동생이니까 무조건 형 말 잘 들어야 해." 하고 은연중에 자녀한테 말씀하지는 않으신지요. 김장철이나 명절이 다가오면 왜 할머니는 엄마한테만 일을 시킬까요? 가족 중에 늘 집안일 하는 사람은 엄마라는 인식이 지금까지 있어요. 성장해서도 조건 없는 사랑을 장착하고 늘 가족을 위해 일하는 모습이 엄마의 모습이라고 생각하지는 않는지요.

제 친척 중에 시어머니와 3대가 함께 사는 가족이 있어요. 아들과 손자를 위하는 시어머니가 외출하셨다가 먹거리를 사 오면 꼭 아들과 손자만 좋은 음식을 주시고, 며느리와 본인은 안 먹어도 된다며 집의 가장이 잘 먹어야 한다고 말씀하시는 분이 계세요.

"찬밥 있으면 여자가 먹어 치워야지 누가 먹겠냐."라고 말씀하시거나 아들이 안타까워 아들 밥은 차려주면서 맞벌이하는 며느리한테는 빈말로도 먹으라는 소리를 안 해요. 이런 가정의 아들과 내 딸이 혼례를 한다는 건 상상도 하기 싫으시죠? 물론 그런 환경에서 자랐다고, 모두 같은 모습으로 성장하지는 않아요. 하지만 이런 환경을 보고 자란 아이에게 비슷한 사고방식이 스며들지 않을까요? 평등하지 않은 환경에서 자란 사람이, 자기가 자란 환경과 비슷한 상황을 보고 불평등을 느끼기는 쉽지 않습니다.

어르신이 계셔서 성평등과 관련한 문제를 좀처럼 바로잡기 어려운 가정에서는 한번쯤 역할극을 해봐도 좋습니다. 거창하게 연극처럼 꾸미는 것은 아니고, 그냥 가족이 둘러앉아서 서로의 처지를 바꾸어보는 거죠.

"내가 아빠라면, 난 이렇게 하겠어."

"내가 엄마라면, 난 이렇게 할 거야."

"내가 아이라면, 난 이렇게 할 거야."

이렇게 10분 정도 해본 후 느낀 점에 관해 서로 이야기 나누면 좋습니다. 순간 상대방이 되어 감정이입 하는 게 말로만 하는 교육보다 훨씬 효과가 있습니다.

평등은 성별에 구애받지 않고 개개인이 서로를 보완할 때 시작됩니다. 차이와 다름을 인정하는 게 평등이에요. 아이들을 틀 안에 넣고 남자다움 여자다움을 구분하고, 이래야 한다, 저래야 한다고 강요하지 말자는 겁니다. 아이들을 양육자의 틀에 맞추려고만 하면, 아이의 특성과 특징, 생각 모두를 막아버리는 겁니다.

이제는 양육자가 일정한 틀 밖에서 아이들이 자유롭게 생각하고 자신감을 느끼고 안정감을 찾도록 해야 합니다. 차별 없는 평등한 세상은 사람을 그대로의 모습으로 인정하고 받아들이는 겁니다.

그러자면 양육자부터 성인지 감수성을 점검해봐야겠지요?

나의 양성평등 지수 체크 리스트

나의 양성평등 지수는 몇 점인가요? (그렇다=1, 아니다=0)

번호	나의 양성평등 지수 체크 리스트	그렇다	아니다
1	부드러움과 상냥함은 여성의 타고난 미덕이다.		
2	파마, 화장, 액세서리 등 치장하는 남자는 부자연스럽다.		
3	남자는 되도록 다른 사람 앞에서 울지 말아야 한다.		
4	여자는 폭넓은 대인 관계를 형성하는 능력이 남자에 비해 부족하다.		
5	남성은 육아 휴직을 하지 않는 것이 좋다.		
6	가계 부양의 일차적 책임은 남성에게 있다.		
7	자녀가 잘못했을 경우, 부부 중 아내 쪽의 책임이 더 크다.		
8	딸은 여자답게, 아들은 남자답게 키우는 것이 좋다.		
9	설거지 등의 집안일은 아들보다 딸에게 시키는 것이 더 자연스럽다.		
10	여성과 남성은 타고난 지적 능력에 차이가 있다.		
11	여자는 남자보다 선천적으로 수학, 과학에 소질이 없다.		
12	남녀의 신체적 차이 때문에 체육 수업과 스포츠 활동은 남학생 위주로 될 수밖에 없다.		

8~12점: 성별에 꽤 얽매여 있군요. 한 번 더 일상생활을 살펴보세요.

4~7점: 의외의 구석에서 성별에 구애받는군요. 양성평등을 지향하세요.

0~3점: 성별에 구애받지 않는군요. 양성평등 사회를 위해 힘을 발휘해보세요.

(출처 : 교육부 2015 양성평등 교육 학습 자료)

체크 리스트로 본인의 성인지 감수성이 어느 정도인지 살펴보고, 결과에 따라 어떻게 하는 게 좋을지 대화해보세요. 이혼으로 한쪽 양육자가 양육하셔도 아이의 성장 스토리는 공유하세요. 서로 감정이 좋지 않게 헤어졌다고 하더라도 아이를 위해서 하셔야 합니다. 이혼은 양육자의 선택으로 벌어진 일이고, 양육은 두 사람이 피할 수 없는 양육자로서의 책임입니다. 전혀 교류가 없는 상태라서 곤란하다면 혼자서도 당당하게 하세요. 그리고 한쪽으로 치우치는 일이 없도록 노력은 해야 해요.

서로의 성을 존중하는 연습을 합니다

균형 잡힌 시각으로 서로의 성을 존중해야 합니다. 또한 동등한 조건에서 서로의 성을 알아가는 것도 중요합니다.

모든 사람은 태어날 때 하나의 성을 부여받습니다. 어떤 영향을 받느냐에 따라 성 정체성이 무리 없이 확립되기도 하고 그렇지 않기도 합니다. 성평등 교육은 사회적 고정관념에서 벗어나서 성 정체성과 지향성에 구분 없는 교육을 중요하게 생각합니다. 양육자들은 기회가 될 때마다 나와 다르다고 해서 이상한 것이 아니라는 메시지를 주려고 노력해야 합니다. 가정마다 종교적 신념이 다르므로 한마디로 정의하지는 않겠습니다. 그러나 신념에 몰두한 나머지 시대와 동떨어진 가치를 교육하는 것은 피하세요.

성 소수자에 대해 아이들에게 어떻게 이야기해야 하는지 양육자가 서로 이야기한 후에 아이와 함께 이야기하세요.

10. 남자아이와 여자아이의 성교육은 똑같이 합니다

남자와 여자는 성을 인식하는 수준에 차이가 있습니다. 예를 들어 여자아이들에게 성에 관한 연상 단어를 물어보면 '사랑', '남자 친구' 등 관계를 의미하는 단어가 포함되고, 남자아이들은 '키스', '섹스', '애무' 등 스킨십을 의미하는 단어가 포함됩니다.

양육자가 이런 말을 자주 합니다.

"내 아이지만 어떻게 교육해야 할지 모르겠어요."

일반적으로 남자아이와 여자아이 성교육을 다르게 해야 한다고 생각하실 거예요. 하지만 그럴 이유가 없습니다. 성교육이란 성에 관한 지식을 알려주는 교육이기도 하지만 자기 몸에 대한 변화, 관심이 가는 이성, 동성과의 관계 교육, 성평등에 관한 교육, 즉 올바른 성인지 감수성을 알려주는 교육입니다. 말 그대로 성을 이해하고 관계를 향상하는 관계 교육이기에 남자아이와 여자아이의 성교육이 달라야 할 이유가 없어요. 아이 성별에 따라 놀이를 구별하지 않듯이 성교육에도 아이의 성별, 교육자의 성별을 구별할 필요가 없습니다.

아이의 성교육은 양육자 누구나 할 수 있습니다. 성교육 자체를 어려워할 수는 있습니다. 그렇다면 자신이 성교육의 어떤 부분을 힘들어하는지 찬찬히 돌아보시기 바랍니다.

양육자 스스로 '성' 하면 떠오르는 생각을 정리하고 체크한 다음, 아이의 눈높이를 관찰해서 얘기를 나누세요. 아이들과 함께 놀 때 성별을 구분해서 노는지, 양육자의 성인지 감수성을 먼저 체크해보세요.

소통이 안 된 상태에서 양육자가 앞서 나가는 성교육을 하면 아이들이 받아들이기 어려워합니다.

성평등은 집에서부터 습득해야 합니다.

"남자가 힘이 있어야지."

"남자가 뭐 이런 일로 우냐?"

"남자는 작게 얘기하는 게 아니야. 목소리 커야 한다."

"여자가 무슨 로봇 장난감을 사 달래?"

"칼싸움은 남자나 하는 거야."

어릴 적 듣고 자랐던 말들을 무심결에 내 아이들에게 하고 있지는 않은지 스스로 점검하세요. 에너지 넘치는 딸에게 "좀 조용히 놀아라."라든가, 블록 놀이 좋아하는 아들에게 "남자는 활동적이어야 한다."며 운동하기를 권하면 아이들의 몸과 마음이 성장하는 데 균형이 제대로 잡히지 않습니다.

가부장적인 사회가 지속하면서 우리는 오랫동안 남성성과 여성성을 구분하여 교육하는 것을 미덕으로 여겼습니다. 이성이 좋아지기 시작하는 시점에 남자아이가 여자아이에게 감정을 표현하는 것은 너그럽고 당연시하는 반면, 여자아이가 남자아이에게 애정 표현을 하면 '조신하지 못하다'라든가 '자존심도 없다'고 생각하는 양육자가 많았지요. 하지만 지금은 그런 시대가 아니란 것, 양육자 스스로 느끼고 있지 않나요? 양육자 먼저 성인지 감수성을 점검한 후라야 성평등 교육을 제대로 할 수 있겠지요.

피임할 때 콘돔은 누가 가지고 있어야 할까요? 콘돔 사용 방법은 누가 먼저 알아야 할까요? 같이 알아야죠. 같으니까요. 성인지 감수성에 대해 아이들과 이야기할 수 있다면, 성교육하는 양육자의 성별도 크게 문제 되지 않습니다.

성적 호기심이 일 때가 성교육을 시작할 기회입니다.

아이들이 남녀의 차이, 수정과 임신, 태아의 발달, 양육자의 보살핌 등 궁금해하는 것이 많을 때 균형 잡힌 시각으로 서로의 성을 존중하고 긍정하는 법을 배워야 합니다. 성적 호기심을 주제로 대화하는 시간은, 아이들에게는 성을 대하는 여러 가지 관점을 탐구하는 기회이고, 양육자에게는 아이들의 생각과 궁금증을 파악할 기회가 됩니다.

남녀 몸의 2차 성징이 나타나는 시기에는 생식 기관인 정소와 난소에 영향을 주어 성호르몬을 분비하지만 개인에 따라 차이가 있습니다. 평균적으로 남자는 11~13세, 여자는 9~11세 정도가 되면 성장 호르몬과 성호르몬이 많이 분비됩니다. 급격히 키가 커지고 몸무게가 늘어나며, 타고난 성별에 따라 몸이 다르게 변하지요. 여자든 남자든 사람의 몸이 어떻게 변하는지 모두 알아야 합니다.

여자 몸은 키가 커지고 몸무게가 늘어납니다. 월경이 시작되고, 음모와 겨드랑이털이 나며 가슴과 엉덩이도 커지고 여드름이 납니다. 월경을 시작하면서 혼자 조용히 지내고 싶은 날이 늘 수도 있습니다.

남자 몸은 음경과 고환이 커지며 음모와 겨드랑이털이 나고, 수염도 나고 목소리도 변해요. 마음의 변화가 심해지며, 간섭받는 것을 싫어해요. 친구들과 같이 있는 시간을 더 좋아하며 양육자와 대화하는 것을 불편해하기도 합니다. 이성에 관한 관심과 성에 관한 호기심이 커집니다.

성장하는 자녀의 마음 변화도 알아차려 양육자도 자녀도 감정 조절을 해야 합니다. 자녀와 친했더라도 이때부터는 조금 거리감이 생길 수도 있어요. 질문하고 답하면서 생각이 바뀌기도 하고, 다른 사람들의 입장을 이해하며 '성'과 '관계'와 관련해 넓은 시각이 형성될 수 있습니다.

11. 여성 청소년의 2차 성징

월경

월경에 관한 내용은 아이에게 책을 읽어주면서 자연스럽게 정보 전달이 되도록 대화체로 구성했습니다.

"사춘기가 된 여성의 몸속에서는 한 달에 한 번씩 2가지 호르몬이 많이 만들어져.

하나는 황체 형성 호르몬이라는 것인데, 장차 아기가 될 수도 있는 세포인 난자가 원래 살던 집인 난소에서 바깥으로 나오게 하지. 이걸 바로 배란이라고 해. 배란은 한번 시작되면 24~36시간 동안 계속돼. 배란된 난자는 천천히 움직여 포궁으로 가지. 난자는 배란 후 최대 24시간 동안 생존할 수 있어.

또 다른 호르몬은 에스트로겐이야. 에스트로겐이 많이 만들어지면 자궁 안쪽 벽이 두꺼워지고, 수정란이 살기 좋은 환경을 만들어. 포궁은 나중에 임신했을 때 아이를 키우는 공간이야.

아까 배란된 난자가 천천히 포궁으로 움직인다고 했지? 이때 난자가 정자와 만나면 수정란이 되는데, 수정란이 되어서 포궁 안쪽 벽에 자리를 잘 잡으면 임신이 되고, 만나지 않고 포궁 안쪽 벽에 살짝 머물러 있다가 난자의 수명이 끝나면 월경을 하는 거야.

이런 인체의 신비를 대충만 알고, 수정되지 않은 난자가 몸 밖으로 빠져나오는 현상이 월경이라서 그 기간에 관계하면 임신이 되지 않는다고 오해하는 경우가 있더라. 그래서 콘돔 없이 성관계를 할 수 있는 안전한 날이라고 착각하는 청소년이 좀 있어. 그런데 월경 중에 관계를 하면 임신될 가능성은 적은 편이지만 여전히 임신가능성이 있고, 포궁과 여성 생식기에 염증이 생길 수도 있어. 그러니까 월경 중에는 성관계를 안 하는 게 낫지.

왜냐하면 정자는 최대 5일간 살아서 활동하거든. 따라서 난자가 배출되기 4~5일 전에 성관계를 하면 끝까지 살아남은 정자가 난자와 만나 임신이 되기도 하는 거지. 여성 대부분은 월경 주기가 아닌 날에 배란하고, 그 날짜는 월경 주기마다 달라. 이렇게 정자와 난자의 수명을 고려했을 때 총 '가임 기간'은 약 6일이야. 가임 기간은 피임하지 않고 성관계했을 경우 임신하게 될 월경 주기 동안의 모든 날짜란 뜻이야."

월경은 엄마 될 준비가 되었다는 신호

임신과 관련해서는 성별 구분 없이 다 알아야 합니다. 여자와 남자 몸의 차이를 이해시켜주세요. 월경이 시작되면서 변화되는 몸을 이해했다면 한 달에 한 번 만나는 월경을 잘 이해할 수 있습니다.

아이들은 피임도 낯설고 성관계 후엔 임신이 된다는 걸 남의 일처럼 느끼기도 합니다. 나이와 상관없이 사랑의 행동에는 책임이 따릅니다. 그런데 사랑의 행위에 대한 책임은 누가 져야 할까요? 생뚱맞게 책임감이 왜 나와 하실 수 있어요. 누군가를 좋아하는 마음은 당연하고, 스킨십하고 싶은 마음이 생기는 것도 당연합니다. 그러나 스킨십하고 싶다고 다 하면 될까요? 어디까지 할 수 있을까요? 질문을 하고 아이가 양육자가 원하는 답을 하지 않는다고, 무조건 양육자 의견을 따르라고 하지 마세요. 대화를 통해 고민하고 스스로 바람직한 답을 얻어내도록 기다려주세요.

<고딩엄빠>라는 TV 프로그램이 있어요. 아이들이 미성년자지만 임신을 통해 갑작스레 '엄마'나 '아빠'가 되면서 생활이 바뀌는 모습을 보여주는 프로그램입니다. 가상이 아닌 사실을 보여줌으로써 현실과 부딪치는 모습이 나옵니다. 또래 청소년기 자녀가 있다면, 이런 상황에 대해서 서로 대화해 보면 어떨까요? 양육자도 현실을 알아야 하니, 같이 보면서 잘못 아는 부분이나 청소년의 책임과 관련해서 토론의 기회가 될 수 있습니다.

프로그램에 출연한 한 고3 학생이 이런 고충을 이야기했습니다.

"곧 출산하는데 친정 양육자님이 아직도 반대하고 남편이랑 저는 어리지만 잘 살고 있다는 걸 보여주고 싶어요. … 아직 출산 준비를 못했어요. 경제적으로 돈이 없다 보니…."

아이가 생겼다고 꼭 결혼해야 하는 건 아닙니다. 좀 더 신중히 생각할 부분이기는 해요. 그래도 이 친구는 아기 아빠랑 같이 의논하고 아이를 낳겠다고 결정합니다. 이 결정이 맞다 틀린다는 것은 시청하는 우리가 판단할 부분은 아닙니다. 다만, 성관계를 할 때 임신할 수 있는 상황이라는 것을 충분히 인식하게 하고 책임은 본인이 끝까지 져야 한다고 말하는 것입니다.

또 양육자가 되었을 때의 상황도 충분히 알려주어야 합니다. 아이를 낳기로 했다고 해서 책임을 다한 게 아니라는 말씀입니다. '아이를 양육해야 하는 현실'이라는 책임이 이제 시작된다는 것도 알려주어야 합니다. 아이들의 경험치가 낮다 보니, 본인이 미처 예측하지 못한 현실과 부딪치는 일이 많습니다. 양육자의 마음과 방법 경제적 상황 생활환경 등 앞으로의 삶과 관련해 구체적인 정보도 전달해야 합니다.

생리대와 월경대라는 이름의 차이

'월경대'라는 말을 들어 본 적이 있으신가요? 저는 월경을 시작했을 무렵, '월경하는데 왜 생리대라고 할까?'라고 생각한 적이 있어요. 엄마에게 물어봤을 때 그런 건 물어보는 게 아니라며 소리를 낮추라는 말을 들었을 뿐 제대로 설명을 듣지 못한 채 시간이 지났습니다. 그리고 제가 성교육을 하게 되면서 그 답을 찾았어요.

정식명칭인 월경(月經)을 한자어 그대로 해석하면 '매달 지나는 것'입니다. 한 달에 한 번 걸리는 마법', '그날', 우리 사회에서 월경을 돌려 말하는 것은 그리 낯설지 않아요. 다양한 이유 중 하나는 월경에 대한 부정적인 이미지 때문입니다. 월경은 여성의 자연스러운 생리 현상 중 하나일 뿐인데 말이죠. 성에 대한 '닫힌 사고'가 만연한 사회문화도 또 다른 이유입니다. 많은 여성이 매달 월경으로 인한 복통 및 두통으로 불편함을 겪는 것은 엄연히 존재하는데도 말이죠.

그리고 여성 스스로 월경을 드러냈을 때 감당해야 하는 사회적 시선을 불편하게 느끼지 않았을까요? 이제부터라도 생리대라고 하지 말고 '월경대'라고 당당하게 말해도 좋겠습니다.

초경하는 딸에게 공감하기

첫 월경을 하면 축하 파티를 하는 가정이 늘고 있습니다. 그런데 이보다 먼저 할 일이 있습니다. 바로 '공감'입니다.

여성 양육자분들, 처음 월경 시작했을 때를 떠올려보세요. 배 아프고 머리 띵하고 기분이 나쁘지 않았나요? 아이들도 마찬가지입니다. 갑작스러운 신체 변화를 따라가지 못해 힘든 마음을 먼저 헤아려주세요.

몸에서 일어나는 현상이지만 눈으로 확인하는 건 월경혈뿐입니다. 한 달에 한 번씩 하는데 왜 내 몸에 찾아오는지, 월경이 시작될 때 기분이 왜 달라지는지, 엄마가 될 수 있는 몸이라고 하는데 그게 왜 필요한지 받아들이는 아이의 마음은 복잡할 수도 있습니다.

"월경할 때 피 냄새가 나서 너무 싫어."

"그래? 어릴 때 엄마도 너랑 같은 기분이었어. 그런데 월경혈에는 냄새가 없어. 우리가 냄새난다고 느끼는 건 종이 월경대 안의 화학 물질과 공기가 접촉해서 그런 거야. 그것뿐만이 아니라 몸도 찌뿌둥하고, 배도 살살 아프고… 몸 불편한 곳이 한두 군데가 아니지?"

이런 부분을 공감하고 인정한 다음에 축하해주세요. 양육자가 하기 힘들다면 전문가에게 조언을 부탁해도 좋습니다.

"월경을 두려워하지 마. 임신했을 때 자궁이 태아를 키우기 위해 안쪽 벽을 크고 두툼하게 만들어. 실제로 임신이 되면 태아에게 가장 안락하고 안전한 집 역할을 하지. 하지만 임신이 안 되면 안전하고 두툼한 벽이 필요할까? 필요 없겠지? 그래서 떨어져서 포궁 밖으로 나오는 거야. 이게 바로 월경이야.

처음 월경하는 것을 초경이라고 부르고, 초경을 시작한 다음부터 바로 일정하게 월경하는 사람도 있고, 불규칙하게 하는 사람도 있어. 불규칙하게 월경을 만날 때를 대비해서 월경대를 갖고 다니면 좋겠지. 초경 할 때 피가 많이 나오는 사람도 있는데, 너무 놀라지 말고.

여성의 몸속 생식기 구조

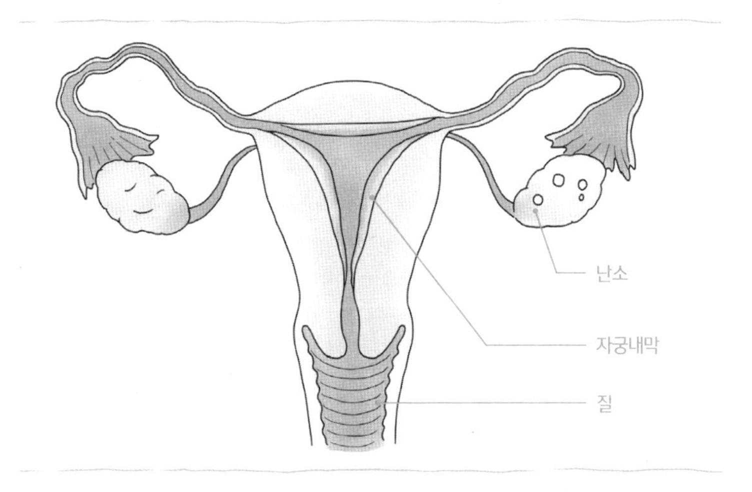

1) 자궁내막 : 가임기 여성의 자궁내막은 주기적으로 분비된 호르몬에 의해 증식하여 배아의 착상을 준비하며 두꺼워진다.

2) 질 : 여성의 질 모양은 다 다릅니다.

① 촉수형 ② 격막형 ③ 다공형 ④ 원형

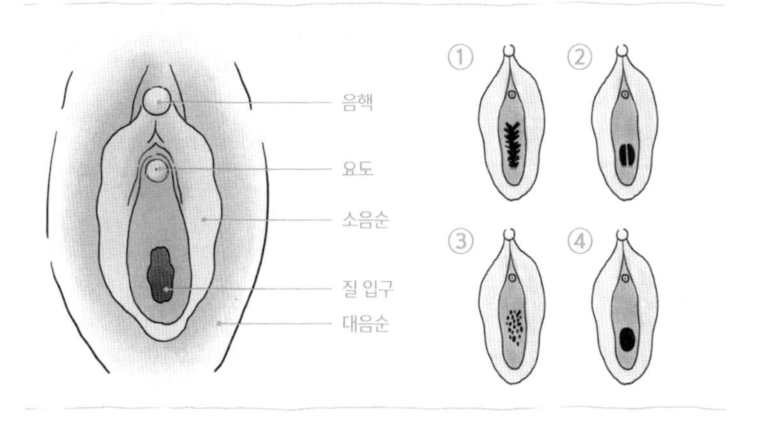

3) 난소 : 여성의 난소는 매월 한 번씩 1개의 난자를 만든다.

월경 시작하는 나이는 개인 차이에 따라 달라. 이르면 열한 살부터 하고, 열여섯 살에 시작하는 친구도 있어. 늦어지거나 빨라도 모두 정상이니 걱정하지 않아도 돼.

사람마다 월경 주기도 달라. 주기가 짧으면 26일, 길면 30~32일이 되기도 해. 월경량은 사람마다 다르지만 보통 20~80㎖ 정도야. 월경혈이 많은 것처럼 느끼지만 사실은 생각만큼 많은 양은 아니지. 양이 아무리 많은 사람이라고 하더라도 100~150㎖를 넘지 않아. 양도 점검해보는 게 좋은데, 뭔가 문제가 있다는 생각이 들거나 불안하면, 여성과 의사 선생님하고 상담하면 돼.

월경 주기가 아닌데 월경혈이 나오거나 주기를 잘못 알고 있다가 갑자기 나올 때도 있을 거야. 그럴 땐 당황하지 말고 화장지를 이용해서 응급처치해. 그런 다음에 바로 월경대를 준비해서 사용하면 돼.

일단 월경을 시작하면 개인의 주기에 따라 규칙적으로 하는데, 스트레스를 받거나 몸이 아플 때는 월경하지 않고 넘어가는 달도 있어. 또 임신했을 때랑 아이가 태어나서 모유 수유하는 기간에도 월경을 하지 않아. 그러다가 성호르몬 양이 줄어드는 쉰 살 정도에는 난소가 배란을 멈추면서 더 이상 월경을 하지 않게 돼. 어른들이 얘기하는 완경이야."

월경대 종류와 자기 몸에 맞는 월경대 찾기

성교육할 때, 이제 막 월경을 시작하는 아이에게 자기 몸에 맞는 월경대를 찾으라고 하고는 그 방법을 알려주지 않는 분들이 있습니다. 우리가 자랄 때와 많이 달라졌고, 월경대 종류도 다양해서 뭘 어떻게 설명할지 모르는 분도 계실 거예요. 그런 분들을 위해서 간략하게 정리해보겠습니다.

월경대 종류는 아주 다양합니다. 가장 일반적인 일회용 월경대가 있고, 질에 삽입하는 탐폰, 일회용 월경대와 모양은 비슷하지만 빨아서 재사용하는 면 월경대, 월경컵 등이 있습니다.

모두 사용 방법은 조금씩 다른데, 공통으로 체크할 부분은 유통기한이에요. 유통기한이 명확하게 표기되어 있지 않은 월경대는 사용하지 않도록 지도하세요. 포장지를 안 뜯었으니까 괜찮겠지 하고 생각하면 안 됩니다. 세균이 번식했을 수도 있거든요. 세균이 번식한 월경대를 사용하다가 질염이 생길 수도 있으니, 꼭 확인해야 합니다.

월경대 종류

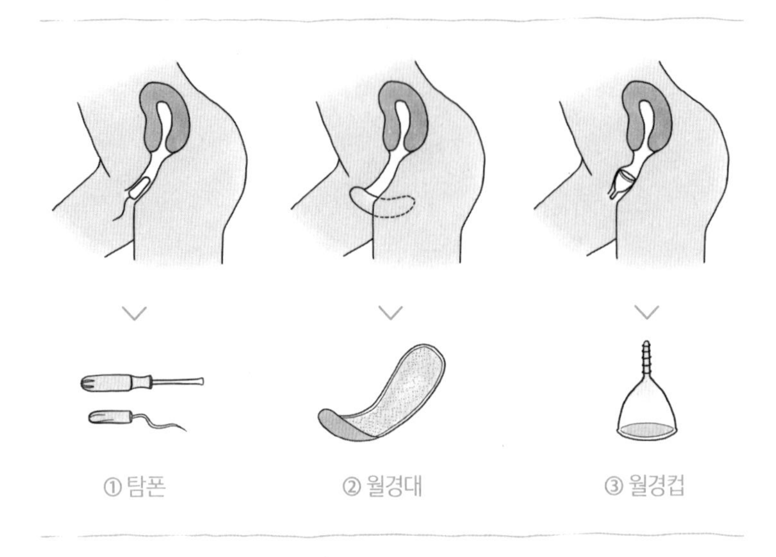

그럼 월경대를 몇 시간마다 교체하는 것이 좋을까요? 사람마다 다르긴 한데, 너무 오래 사용하지 않는 게 좋습니다. 수면 중이 아니라면 양이 많은 날은 2~3시간, 양이 적은 날은 4~5시간에 한 번 교체하면 됩니다. 탐폰도 마찬가지예요. 월경혈이 거의 나오지 않았다고 하더라도 사용하는 시간은 최대 8시간을 넘기지 않아야 해요.

월경대는 월경 양에 따라 다른 것을 사용하는 게 좋아요. 소형, 중형, 대형, 밤에 하는 것 까지 다양해요. 운동이나 수영할 때는 탐폰이나 월경 컵을 사용할 수도 있고 월경혈이 새지 않는 속옷도 있어요.

탐폰은 다른 월경대보다 크기가 작은 편이라 눈에 띄지 않아요. 그래서 사용한 적이 없는 친구는 마트에 가서도 상품을 찾기가 어려울 거예요. 휴대하기 편하고, 착용을 잘하면 움직임이 많은 날도 아주 편해요. 탐폰은 어플리케이터가 있는 탐폰과 없는 탐폰으로 나뉩니다. 어플리케이터가 없는 탐폰은 디지털 타입 혹은 핑거 타입이라고 부르며, 어플리케이터의 도움 없이 직접 손으로 밀어 넣어 사용합니다. 그런데 사용하기가 쉽지는 않아요. 질 안으로 탐폰을 밀어 넣어야 하는데 월경 중에는 월경혈이 손에 묻기도 하고, 배에 힘을 주거나 기침을 크게 할 때 빠질 수도 있는 단점이 있어요.

탐폰 사용법

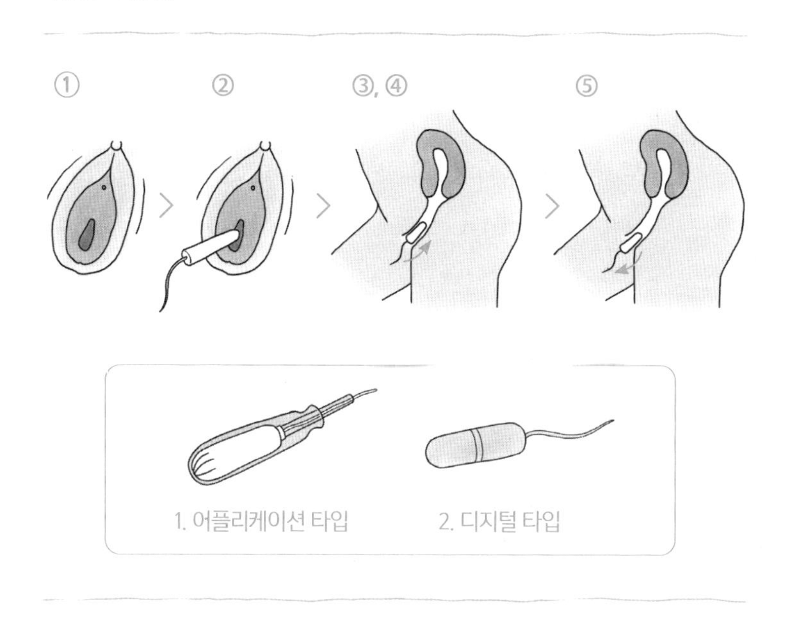

① 손을 깨끗이 씻고 엄지와 중지로 손잡이 부분을 꽉 잡고 검지는 내통 끝에 살짝 올려 질 입구를 찾는다.

② 몸에 힘을 빼고 어플리케이터를 삽입한다.

③ 손가락이 몸에 닿을 때까지 밀어준다. (너무 깊이 넣으면 어플리케이터를 빼낼 때 힘들고 너무 얕게 넣으면 혈이 나올 수 있다.)

④ 어플리케이터를 제거한다. (삽입 후 제거용 실이 몸 밖으로 나와 있는지 확인 후 어플리케이터는 버린다.)

⑤ 제거할 때는 몸 밖으로 나와 있는 실을 바깥쪽 비스듬한 방향으로 잡아당긴다. 휴지에 싸서 휴지통에 버린다. (제거할 때 손에 묻을 수 있다 외부에선 물티슈를 준비하면 좋다.)

월경 컵은 한번 착용하면 휴대가 필요하지 않아서 편하고, 친환경적이라 오랜 시간 사용할 수 있어요. 양이 많은 날은 하루에 서너 번 빼서 비우고, 양이 적은 날은 하루에 한 번만 해도 상관없어요.

그런데 질의 길이를 정확히 알아야 내 몸에 맞는 월경 컵을 선택할 수 있어요. 질의 길이는 손가락을 사용해서 재요. 그런데 손가락을 넣어 질의 길이를 재는 일이 쉽지 않고, 익숙하지 않아서 힘들 수도 있어요. 또 월경 컵을 비울 때 월경혈이 손에 묻고, 컵을 헹구어서 다시 사용해야 한다는 점이 불편하기도 해요.

월경 컵 사용법

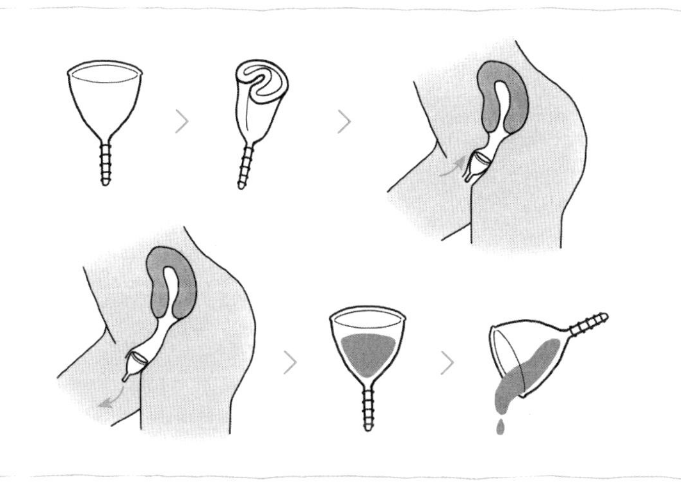

① 본인에게 맞는 컵을 준비한다.

② 컵에 공기가 들어가지 않도록 접는다. 접은 상태로 삽입한다.

③ 복부에 힘을 주어 접힌 컵이 펴졌는지 확인한다.

④ 컵을 뺄 때는 컵 꼭지를 잡고 혈액이 흐르지 않도록 빼준다.

⑤ 모인 혈액을 버리고 미지근한 물로 씻은 후 휴지로 물기를 제거하고 다시 사용한다.

*월경 전후, 끓는 물에 소독한다. (전자레인지 소독은 안 된다.)

Q. 월경 컵을 착용한 채 잠을 자면 월경혈이 역류하지 않나요?

A. 월경 컵은 한 번에 30㎖의 월경혈을 담을 수 있고 질에서 자궁으로 자궁경부를 통해 역류할 확률은 거의 없다. (경희대학교병원 산부인과 이슬기 교수)

저는 면 월경대를 사용합니다. 사용해보니 제 몸에 더 잘 맞더라고요. 하지만 외부 활동을 할 때는 사용한 월경대를 보관하기가 불편해서 일회용 월경대를 사용합니다.

면 월경대 사용법

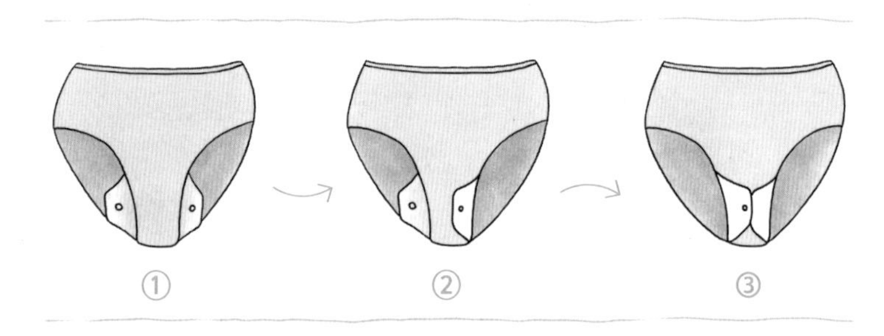

① 팬티 안쪽에 면 월경대 위치를 잡아준다.

② 안쪽에서 팬티 밖으로 위치를 잡아준다.

③ 두 개의 날개에 있는 똑딱단추로 고정한다.

면 월경대 정리법

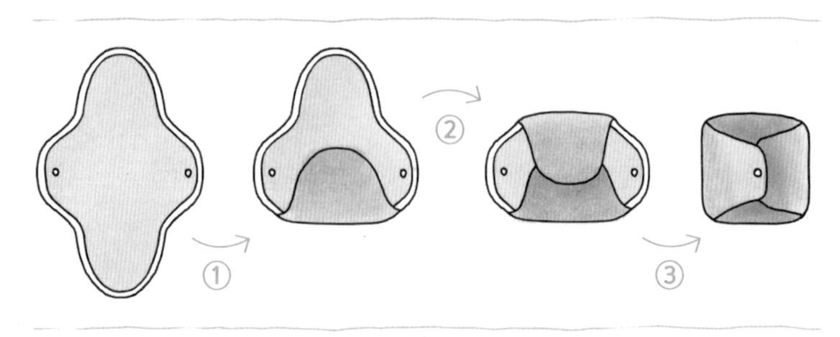

사용 후 번호순으로 접어서 정리한다.

일회용 월경대도 순서는 같다. 일회용 월경대는 돌돌 말아 휴지에 싸서 정리하면 된다.

아이들이 여러 가지 월경대의 장단점을 파악해서 자기 몸에 맞는 걸 선택할 수 있게 도와주세요. 그리고 사용한 월경대를 버릴 때는 돌돌 말고, 또 한 번 휴지에 싸서 버리는 에티켓을 꼭 지키도록 지도해주세요.

월경전 증후군 (PMS)

"아들 오늘 엄마가 월경 전 오는 증상으로 컨디션이 좋지 않아 이해 좀 부탁할게."

"엄마 월경 중에는 짜증이 나나요?"

"아니, 그렇지 않은데 왜 그렇게 생각했어?"

"음, 여자들이 짜증 내는 건 월경할 때라고 해서요."

"다 그런 건 아니야. 사람에 따라 조금씩 차이는 있지만 모두 그렇다고 단정하면 안 돼. 월경할 때 몸의 변화 때문에 예민해질 수는 있지만, 짜증 낸다고 생각하면 곤란하지 않을까? 호르몬의 작용으로 심경의 변화가 오는 거야."

"그럼 왜 예민해지는 건데요?"

"포궁이란 기관은 원래 예민해서 작은 변화에도 크게 아픔을 느껴.

포궁 크기는 본인의 주먹 크기와 비슷하고, 월경이 시작되면 포궁 주변의 혈관이 확장해서 혈액이 많이 들어와. 그러면 포궁이 부풀어 올라서 근처에 있는 신체 기관을 압박하지. 이 현상으로 불편하고 아픈 느낌이 드는데, 통틀어서 월경통이라고 해.

"그럼, 여자는 다 월경통이 있어요?"

"아니, 사람마다 월경통의 고통을 느끼는 정도도 달라. 허리가 끊어질 듯 아픈 사람도 있고, 다리가 붓거나 배가 쥐어짜는 듯이 아프다는 사람도 있어. 속이 부글거려서 가스가 찬 느낌이 드는 사람도 있대. 이 중에 한두 가지만 느끼는 사람도 있고, 모두 느끼면서 굉장히 아파하는 사람도 있고, 아예 통증을 안 느끼는 사람도 있어."

"월경으로 힘든 친구가 있으면 어떻게 도와줘요?"

"상대방을 배려하는 모습 아주 좋아요. 아파하는 친구들은 진통제를 먹어. 아니면 따뜻하게 온 찜질팩을 배에 대고 있거나 따뜻한 차를 마시면 좋아. 그래도 월경통이 있으면 쉬는 게 가장 좋지. 그래서 여성 노동자는 한 달에 한 번 월경 휴가가 있어. 학교도 결석으로 처리되지 않아."

12. 남성 청소년의 2차 성징

몽정

"이런 젠장, 수염이 나고 있어."

아들의 한마디가 저를 놀라게 했습니다. 아들도 자기 몸의 성장에 당황하겠구나 싶었습니다.

"마음의 성장 속도와 몸의 성장 속도가 다를 수 있어. 변화에 어떻게 대처하면 좋을까?"

"모르겠어요. 근데 까만 수염 자체가 그냥 싫어요."

"털은 외부 자극에서 몸을 보호하는 역할을 해. 체온도 유지하고, 이물질이 들어가는 것도 막아주지."

이런 식으로 털이 몸에 있어야 하는 이유를 간단히 설명한 다음, 아이 생각을 들어봅니다. 2차 성징이 일어나면, 음모가 나고, 팔다리에 나 있는 털도 굵고 길어지며, 겨드랑이에도 털이 자랍니다.

이 모습 자체를 불편해하는 친구도 있고, 자기가 성장하는 모습을 좋게 받아들이는 친구도 있습니다. 각자 받아들이는 마음은 다르지만 성장하는 모습은 비슷합니다.

한창 성장하는 시기에는 자녀의 마음 변화를 알아차려 양육자도 자녀도 감정 조절을 해야 합니다. 콧수염도 나고 목소리도 변하기 시작하는 아들을 대하면서 많은 생각이 드실 거예요. 몽정하는 아들에게 뭐라 해야 할지 모르겠다고 말씀하는 양육자가 있습니다. 저는 아들한테 미리 얘기했어요.

"네 몸이 변하기 시작했지? 그러다가 자고 일어났더니 속옷이 축축하게 젖어 있는 날이 있을 거야. 그건 성장기에 일어나는 현상인 '몽정'이라고 해. 학교 성교육 시간에 들어본 적 있을 거야. 실제로 네 몸에 그런 일이 생기면, 불편해하거나 쑥스러워하지 말고 엄마한테 얘기해 줘. 성장에 대한 고민이나 생각을 같이 나누자."

아들이 몽정할 때 저한테 "엄마, 빨래 던질게요." 하면서 팬티를 던졌어요. 저는 아무 생각 없이 받은 빨래를 세탁기로 던지면서 "스트라이크!" 하고 외쳤습니다. 순간 아들의 얼굴을 보니 표정이 안 좋았습니다. 아들의 감정 신호를 놓쳤어요. 그날 저녁 바로 아들한테 시간 여유가 있는 것 같아서 이야기했어요.

"네 마음을 제대로 못 알아채서 미안해."

그리고 이어서 설명했습니다.

"몽정이란 몸에 쌓여 있던 정액이 수면 상태에서 흘러나오는 거야. 야한 꿈을 꾸거나 성적인 쾌감 때문에 나오는 것도 아니지. 그냥 생리 조절 현상일 뿐이야. 가끔은 네 생각보다 많은 양의 정액이 나와서 이불에 묻을 수도 있어. 그렇다고 놀라지 말고 일단 속옷을 갈아입어. 그리고 갈아입은 속옷은 숨기지 말고 내놔.

이불에 정액이 묻은 걸 방치하면 곰팡이가 번식해 악취가 날 수도 있어. 그래서 빨리 세탁해야 해. 오줌과 달리 정액은 점성이 있어서 바로 세탁하지 않으면 얼룩이 잘 지워지지 않아. 그러니까 몽정했을 때 이불에 묻으면 바로 얘기해주기다."

정자가 몸 안에 쌓이면 배출해야 하는데, 그게 잘되지 않으면 몽정하게 됩니다.

"홍수가 날 때는 왜 날까? 댐이 없어서 그런 거지. 비는 많이 오는데 수위를 조절할 수가 없잖아."

아이들한테 2차 성징이 나타나는 것을 '몸의 성장 댐'을 만드는 것에 비유해서 이야기합니다. 어른으로 몸이 성장하면 몽정은 줄어든다고요.

우리 아들은 몽정을 하는 건가? 아니면 자위로 몽정이 사라진다고 하는데 건강을 해치지 않을 만큼 조절은 하고 있나? 하는 궁금증이 생기실 거예요.

몽정은 사람마다 차이가 있습니다. 자위한다면 몽정을 안 할 수도 있어요. 초등 저학년 때 하는 친구도 있지만, 고등학교 때 하는 친구도 있고, 아예 몽정하지 않는 친구도 있습니다. 시기가 정해진 게 아니기 때문에 단편적인 상황만 가지고 정상이다 아니다를 판단하지 마세요.

자위 많이 하면 키 안 큰다는 정보는 제공하지 마세요. 그럼 아이들은 키 작은 방송인이나 운동선수도 자위 많이 해서 안 컸냐고 묻거나 키 큰 배우나 운동선수는 한 번도 안 한 거냐고 묻습니다. 아이한테 장난치시다가 오히려 대답하기 난감해지실 수도 있어요. 그냥 자위행위 등을 통해 주기적으로 배출하지 않으면 몽정할 확률이 더 높아진다고만 얘기해주세요.

여자도 몽정 비슷한 것을 합니다. 남자랑 달라서 적은 애액이 나오지요. 발생하는 횟수도 적어요. 사람은 수면 중에 호르몬의 변동을 겪습니다. 사춘기 몽정은 정상적인 과정이에요.

정신이 깨어있을 때 무의식중에 정액이 몸 밖으로 나오는 것을 유정이라고 하는데, 본인이 의도하지 않았는데도 정액이 새어 나와요. 체육 시간에 갑자기 유정해서 놀랐다는 친구에게 신체활동을 심하게 했을 때나 몸에 힘을 줄 때 나올 수 있다고 얘기해주세요. 하지만 유정이 계속되면 의사 선생님과 상담해야 합니다.

포경수술은 아들이 결정하게 합니다

포경수술을 단순히 '고래 잡는다'고 뭉뚱그려 얘기하고, 수술 가부를 양육자가 정할 것이 아니라, 포경수술에 관해 설명한 후에 아이가 수술할지 말지를 선택하게 하세요.

포경수술이란 말만 들어도 무섭다는 아이도 있으니, 성장기에 하라고 권유하기보다는 성인이 되어서 선택하게 하는 게 좋습니다. 본인 몸과 관련된 일에 있어서 선택을 본인이 하게 하면, 자기 몸을 존중하는 자세도 자연스럽게 형성되겠죠. 양육자는 자녀의 의견을 존중함으로써 저절로 '존중 교육'도 하게 됩니다.

포경수술은 남자 성기를 덮고 있는 포피를 잘라내 귀두가 노출되도록 봉합하는 수술입니다. 대개 부분마취를 하지요.

꼭 포경수술을 해야 하냐고요? 사람마다 달라서 수술이 필요한 사람이 있습니다. 진성포경 상태에 있다면 꼭 해야 합니다. 진성포경은 귀두가 항상 포피에 덮여 있어서 여러 가지 문제가 발생할 수 있어요. 귀두염, 포피염처럼 염증이 심하게 생기는 경우도 포경수술이 필요합니다.

진성포경

진성포경을 해야 하는 상황은 크게 세 가지가 있다.

첫 번째 그림과 같이 포피가 좁고 명확한 징후가 나타나거나 감염이 여러 번 반복되는 경우, 발기해도 귀두 포피가 전혀 젖혀지지 않은 상태라 귀두를 드러낼 수 없을 때, 귀두와 포피가 유착되어 포피를 손으로 벗겨낼 수 없으면 절개해서 포경수술을 한다.

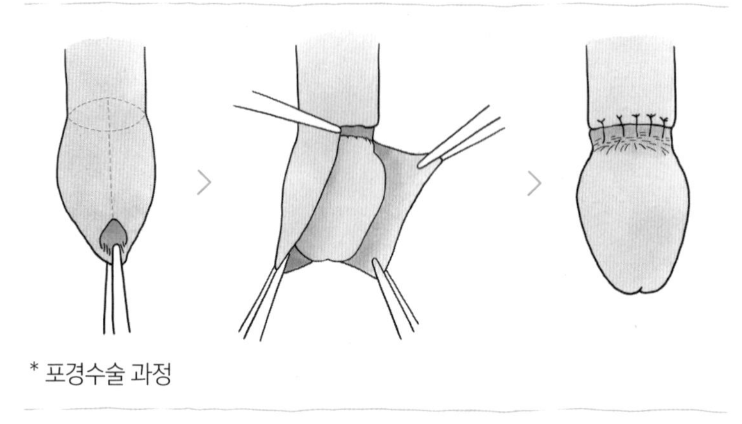

* 포경수술 과정

감돈포경은 포피가 귀두 뒤로 젖혀진 후에 고정되어 원래 위치로 돌아오지 않는 경우입니다. 이걸 양육자가 어떻게 아느냐고요? 당연히 아들이 이야기해주지 않으면 알 수 없습니다. 그래서 아들에게 알려 달라고 양육자가 설명하셔야 합니다.

저는 아들이 5학년 때 진성포경에 관해 물어왔어요. 아들이 친구들도 궁금해한다며 엄마한테 물어보고 얘기해 준다고 했대요.

"귀두와 포피 사이에는 공간이 있어. 세균이나 이물질이 들어갈 수도 있고, 백태가 쌓여 염증이 생기기도 하지. 몸에 대한 책임에는 청결도 들어가. 네가 청결하게 잘 관리하면 건강한 몸으로 성장하겠지? 포경수술을 할지 안 할지는 네가 선택했으면 좋겠어. 엄마 생각은 당장은 안 해도 된다는 것에 한 표. 네 몸이니 신중히 선택하길 바랄게."

"에이, 내가 어떻게 선택해요? 엄마가 그냥 정해주세요."

"의논은 같이 할 수 있지만, 결정은 네가 스스로 해야지. 백신 주사도 엄마는 빨리 접종하면 좋겠다고 했는데, 넌 네 의견을 존중해 달라며 기다려 달라고 했잖아. 성인이 되어서 결정해도 되니까 그때 생각해보렴. 그리고 몸과 청결 관리도 잘해야 해."

자기 속도대로 성장하는 아이를 기다립니다

아들이 중학생이 되고 나서 수염이 조금 나기 시작하더니, 이제는 겨드랑이털도 수북해졌습니다. 당장은 코로나 유행기라서 마스크를 쓰고 다니니까 상관없다고 하지만, 자꾸 거울을 보며 수염을 의식합니다.

"엄마, 나 겨드랑이털은 다 밀어버릴까? 냄새도 나고 좀 찝찝하네. 왁싱해도 돼요? 영구 제모도 있다던데, 뭐가 좋을까?"

"아직은 성장기니까, 그런 결정은 성장기가 다 지난 다음에 하는 게 좋을 것 같아. 그리고 영구 제모는 털의 뿌리인 모낭을 제거하는 거야. 모낭이 제거되면 그 부위는 털이 영원히 자라지 않아요. 전에 털이 자라는 이유에 대해서는 몸을 보호하는 기능도 있다고 했는데, 왜 털이 많이 신경 쓰이니?"

"난 괜찮은 것 같았는데, 친구들이 여름 다가오는데 신경 쓰인다고 얘기하니까 나도 왁싱이든 제모든 해야 하나 싶어서요. 지금보다 털이 더 자라면 마음이 변할지도 모르겠어. 그때 다시 이야기할게요."

몸의 잔털도 모두 없애야 한다고 생각하는 친구들이 있습니다. 남학생보다 여학생의 다리나 팔에는 털이 없어야 한다고 생각하는 사람도 꽤 많습니다. 어쩌다 이런 생각을 하게 되었을까요. 여자는 털이 있으면 미모가 떨어진다고 생각하는 사회적 기준은 누가 만들었을까요? 저는 여자든 남자든 사춘기에 접어든 친구들한테 제모는 선택이라고 알려줍니다. 양육자의 생각은 어떠신지요? 제모하려는 아이의 생각을 묻고 왜 그렇게 생각했는지 대화한 후에, 필요하다고 말하는 자녀에게 제모 방법을 알려주시는 것이 좋지 않을까요?

2차 성징이 오는 아이가 무슨 생각을 하고 있는지 궁금하다는 양육자가 계십니다.

"도대체 애가 무슨 생각을 하는지 모르겠어요. 머릿속으로 들어갈 방법도 없고…."

다른 아이들은 자기 몸의 변화와 마음 상태를 쉽게 얘기하는 것 같은데, 우리 아이만 입 꼭 닫고 소통을 안 한다고 느끼실 수도 있을 거예요. 하지만 몸이 자라고 생각이 성장하는 데 있어서 표준이 어디 있겠습니까? 다 자기만의 속도로 자라는 거라고 생각해주시면 아이가 좀 더 안정감을 느끼지 않을까요?

아이의 속마음을 알 수 없어서 많이 불안하실 거예요. 양육자가 걱정하시는 만큼, 아이들도 몸과 마음의 불균형이 심한 시기입니다. 2차 성징이 오는 친구들도 자기한테 생긴 변화가 정상적인지 아니면 남과 다른 건지, 다르다면 왜 그런지 괜찮은 것인지 혼란스러울 수도 있고요. 아이에게 몸이든 마음이든 변화가 시작됐다는 것부터 인정하세요. 그리고 먼저 이야기를 꺼낼 때까지는 거리를 두고 지켜보세요.

양육자가 소통하고 싶은 속도와 아이가 소통하고 싶은 속도를 서로 기다리면서 절충하다 보면, 접점이 생기는 때가 옵니다. 그때 허심탄회하게 대화하세요.

13. 아이의 난감한 행동과 질문에 대처하기

자위행위 하는 유아와 대화하기

유아기는 성적으로 자유로운 상태입니다. 성인에게 성적으로 보이는 유아의 행동은 세상에 대한 순수한 관심일 뿐입니다. 성적 에너지를 밖으로 방출할 수 있도록 흥미로운 도구나 관심거리로 아이의 주의를 환기하는 것이 좋습니다. 그러나 아이가 지나치게 성에 집착하거나 자위행위를 반복하면 심리적인 불안감에서 비롯된 것일 수도 있으므로 아이가 사랑받고 있다고 느끼도록 양육자가 관심을 기울여야 합니다.

아이 대부분은 유아기가 되면 성기를 만지며 놀기도 합니다. 책상 모서리에 성기 부분을 대고 비비는 아이도 있습니다. 만지고 비비는 아들을 보고는 당황한 나머지 목소리가 커지면서 소리를 지르는 양육자님도 있어요.

"○○야, 그만 만지라니까! 벌레 생긴다."

아이 행동에 놀라 "지금 뭐 하는 거야?" 하고 말할 수는 있지만, 양육자가 불쾌한 표정을 짓거나 당황하면 좋지 않습니다. 자위는 당연한 건데 죄의식이 생기게 됩니다. 아이가 지금 하는 행동은 자위행위라는 걸 설명하고, 잘못된 상황이 아니라는 점을 먼저 말씀하세요. 아울러 모서리나 딱딱한 곳에 비비지 말라고 훈육하세요. 주의를 주지 않으면 점점 비비는 강도를 높이려 할 것입니다. 심심하거나 욕구가 좌절될 때 성기를 만지는 경우가 잦아질 거예요. 이는 성인의 성적 쾌감을 느끼는 행동과는 다른, 발달 과정 중 하나입니다. 놀이의 하나이자 스트레스 해소의 수단입니다. 자기 성기를 만지면 느낌이 좋고 기분이 좋아지는 걸 느끼게 됩니다.

될 수 있으면 자위행위는 본인만 있는 공간에서 하고, 사람이 많은 곳에서는 다른 사람이 불편해하니까, 그러지 않으려면 어떻게 하면 좋을지 물어보고, 손을 깨끗이 씻고 기분이 나쁠 때는 만지지 말라고 하세요.

"생식기는 우리 몸에서 소중한 곳이니까 남에게 보여줘서도 안 되고, 또 남에게 보여달라고 해서도 안 돼. 특히 피부가 약하니까 아프게

한다든지 더러운 손으로 만져서는 안 되겠지?"

아이의 기분과 분위기는 어떤지, 불안한지 심심한지, 아이의 상황을 주의 깊게 살펴본 다음 계속 같은 모습이 보이면 그 마음에 먼저 공감해주세요.

눈높이를 맞추어 설명하기가 어렵다고 하는 분도 있고, 아이가 어떻게 받아들일까 걱정되어 설명하기 망설여진다는 분도 있습니다.

"○○이가 재미있는 놀이를 하고 싶구나. 그럼 아빠(엄마)와 함께 다른 놀이를 해보면 어떨까?"

다른 사람과의 상호작용이 있는 유쾌한 놀이로 전환하는 것이 가장 바람직합니다.

"○○야, 엄마 저녁 하는 거 도와줄 수 있어?"

"하기 싫은데." 할 수도 있어요, 아니면 "뭔데요?" 하면서 관심을 보일 수도 있습니다. 싫다는 아이한테 억지로 도와 달라고 하지는 마세요. 싫다고 하면 달리 도와줄 수 있는 게 뭐가 있을까? 하고 아이 스스로 생각하게 하세요.

"엄마가 수제비 먹고 싶어서 수제비 반죽하는데 우리 ○○이 도움이 필요해. 손가락 놀이라고 생각하고 해 볼래? 우리 밀가루가 얼마만큼 달라붙는지 한번 보자."

아니면 점토 만들기로 손의 감각을 이용해서 하는 놀이로 전환해도 좋습니다.

정신적으로 불안한 상태에서 습관적으로 성기를 만지는 친구도 있습니다.

유치원 선생님이 발레 수업을 하는데, 한 아이가 땀을 흘리면서 자위행위 하는데 어떡하느냐고 물었습니다.

"왜 고추(음경)를 만졌어? 어디 아프거나 가려웠니?"

"응, 간지러워요."

"옷에 눌렸는지 모르니 우리 한번 폴짝 뛰어 볼까?"

그리고 살펴보세요. 옷이 끼어서 일시적으로 그럴 수도 있습니다. 아이가 성기를 자주 만지는 이유를 묻고 나서 아이의 성기나 사타구니 쪽에 외부 자극이나 내부 발진 등이 있는지 살펴보세요. 질병 때문에 불편해할 수도 있거든요.

확인한 후에 질병 때문에 그런 것이 아니면 아이에게 친절하게 설명해서 바닥이나 사물에 비비는 행동을 멈추게 하세요. 찰과상을 입어 상처가 나면 세균이 몸으로 들어갈 수 있거든요. 그다음 사람이 있는 곳에서 몸을 만지면 한번 물어보세요.

"우리 몸은 소중한데, 만지기 전에 어떻게 하는 게 좋을 것 같아요?"

"만지는 건 괜찮은데, 그걸 본 사람들이 기분이 좋지 않대. 그래서 사람이 있는 곳에서는 절대로 만지지 않기로 하자. 그럼 어디서 만져야 할까?"

사적인 공간, 자기만의 공간에서만 자기 몸을 만질 수 있다는 걸 알려주세요.

한 번 말한다고 해서 해결되지는 않을 거예요. 반복하는 모습을 보면 화도 나고 걱정도 되고요. 그래도 부정적인 느낌이 들지 않도록 조곤조곤 얘기하세요.

아이들의 행동을 어른의 눈으로 보면 이해할 수 없는 것이 많습니다. 그러나 반대로 생각하면 아이 역시 살아온 경험이 없으니 양육자의 말과 행동을 한 번에 이해하는 것은 당연히 어렵습니다. 아이도 처음 양육자도 처음이니까요. 함께 이야기를 나누는 게 중요합니다.

아들이 월경대에 관심을 두고 질문할 때

여자의 몸을 알 기회입니다. 민망해하지 마시고 자연스럽게 아이가 어디까지 알고 있는지 물어본 다음 설명해주세요.

"왜 여자들은 한 달에 한 번 월경해? 그리고 월경하면 여자 친구들은 키가 더 이상 안 커?"

아들이 초등학교 5학년 때 한 질문입니다.

"키가 안 큰다는 건 과학적 근거가 없는 말이야. 난소에서 나온 난자와 정자가 만나 수정된 세포를 태아로 키우기 위해 포궁의 내막 조직을 크고 두툼하게 만드는데, 수정이 안 되면 포궁 내막 조직이 필요 없겠지? 그래서 떨어져서 포궁 밖으로 나와. 이것이 월경이고, 이때 월경대가 필요한 거야." (월경 관련한 그림과 자세한 설명은 90~101쪽을 참고)

월경대와 월경혈에 관해서는 아들이 성교육을 받았어도 생소하게 느낄 수 있습니다. 몸과 관련해 아직 많은 것을 경험하지 못했으니, 아이들이 어느 정도 숙지할 때까지는 자세히 잘 설명해야 합니다.

듣고 있던 아들이 이렇게 말합니다.

"엄마 나도 월경대 경험해볼까?"

좋은 생각이라고 생각해서 아들에게 월경대에 물을 적셔주었습니다.

"왜 물을 묻혀요?"

"그래야 느낌을 정확히 알 수 있잖아."

"헐, 저 경험 안 할래요. 너무 찝찝할 거 같아요."

제대로 경험해보기도 전에 보인 아들의 반응이었습니다. 여자 몸에서 호르몬 변화가 일어나면서 나타나는 결과가 어떤 느낌인지 남자도 알면 좋지 않을까요.

성착취물을 보는 아이를 발견했을 때

성착취물은 제작도, 성착취물을 보는 것만으로도 불법입니다. 정상적으로 사람들의 사랑 관계가 아니라, 자극적인 요소를 보여주기 위해 비현실적인 상황을 억지로 만든 것이라는 사실을 강조하세요.

그렇다고 아이들이 성착취물을 안 보지는 않을 거예요 안 보는 것이 제일 좋지만. 만약 봤다면 아이들이 힘들어할 수도 있어요. 힘들어하는 아이를 몰아가듯이 얘기하지 말고 현 상황에 대해 알려주세요.

성착취물 시청은 곧 미디어, 인터넷, 스마트폰이라는 매개물을 이용해서 성적 쾌락을 탐닉하는 표면적 행위입니다. 현실의 성과 매우 달라요. 가장 중요한 것이 상대방을 존중하고 배려하는 태도와 사랑인데, 이것이 빠져 있으며, 생명이나 책임에 대해 언급하지 않습니다. 영상은 쾌락으로서의 성만 노출해 호기심을 일으킴으로써 경제적 이득을 얻으려 한다는 것까지는 알려주세요.

양육자의 경험에서 우러난 이야기를 해주셔도 좋습니다.

저는 고등학교 2학년 때 친구 생일 파티에 갔다가, 친구의 대학생 언니가 생일 선물로 우리에게 비디오를 보여주면서 처음 접했습니다. 친구들 모두 뜨악했지요. 그 시절에는 외국인을 TV의 <주말 극장>에서만 봤거든요. 성과 관련된 매체는 《플레이보이》나 《선데이서울》 같은 잡지가 전부였죠. 그런데 외국인이 다 벗고 나온 장면에 얼마나 놀랐는지 몰라요. 그 트라우마가 제 성장기에 영향을 주었습니다. 사람을 만나는 자체가 힘들고 어려웠으며 다 징그러웠어요.

제가 고2 때 느낀 점을 요즘은 초등학생이 느낄 수 있습니다. 성착취물을 보고 다 같은 생각을 하는 것은 아니지만, 성장기에 그릇된 성 인식이 스며들 수도 있습니다. 지금은 손쉽게 자기 방문을 잠그고 방안에서 다운받은 성착취물을 볼 수 있습니다. 집이 아니어도 접할 공간은 많아요.

이런 상황이 닥치면, 아이가 왜 성착취물을 봤는지 놀라서 당황하기 마련입니다. 그런데 아이도 우연히 보게 된 영상에서 상상하지 못한 장면이 나와 당황했을 겁니다.

아이가 성착취물을 보는 모습을 보셨다면 이 당혹스러운 상황을 기회로 삼으세요. 혼내지도, 흥분하지도 말고 왜 그랬는지 아이의 생각을 먼저 경청하세요. 분명 성인지를 잘못하게 된 계기가 있을 거예요. 아이의 이야기를 들음으로써 그 부분을 파악하고, 대화를 통해 바로잡을 수 있습니다.

성착취물 영상이라고 하면, 그 영상에서 마음을 사로잡는 장면이 있었을 거예요. 아이가 사로잡힌 것에 관해 대화하며 조심스럽게 마음을 들여다보아야 합니다. 심각하게 왜곡된 상황과 사실이 아닌 영상물을 아이들은 실제 벌어지는 현상으로 받아들일 수 있습니다.

"엄마, 제발 나가주세요. 요즘 집에만 있으니까 내가 미치겠어요."

아들이 하루는 이렇게 언성을 높이며 얘기하더라고요. 놀란 마음을 진정시키고 물어봤습니다.

"뭐가 그렇게 미치게 하니?"

"음, 동영상을 보고 싶은데 엄마가 계속 있으니 볼 수가 없어요."

"어떤 동영상?"

"여자들 나오는 거요. 더 이상 말하기 싫어요."

"솔직하게 마음을 얘기해줘서 고마워. 그런데 하나만 물어볼게. 왜 영상이 보고 싶은 거야?"

"그냥 한 번 봤는데 또 보고 싶고 자꾸 영상이 떠올라요."

"그럼 어떨 때 보고 싶은 건지, 엄마가 있는 곳에서 왜 보지 못하는지 이야기해줄 수 있어? 엄만 무조건 보지 말라고는 하지 않을게."

아들은 한참 생각하고 시간을 달라고 했어요.

"엄마가 하나만 이야기할게. 행동에는 책임이 따른다고 했잖아. 영상을 보는 일에도 책임이 따른다. 책임에 대해 곰곰이 생각하고 이야기해주렴."

핸드폰으로 다른 걸 보다가 갑자기 성착취물 영상이 나와서 볼 수도 있어요. 이럴 때까지 뭐라 하지 말고 모르는 척해줄 때도 있어야 합니다. 그러나 성착취물이 나쁘다는 것은 꼭 이야기해주세요. 사실이 아닌 점과 자극을 주기 위해 해서는 안 되는 행동도 찍는단 걸 알아야 해요. 그다음 아이를 믿어주세요.

이렇게 아이가 생각할 시간을 주고 기다리는 것이 양육자가 할 일입니다. 그래야 아이가 마음을 열 수 있고, 아이와 양육자가 서로 경계를 지키며 소통할 수 있어요.

"헉! ○○야, 지금 이런 걸 본다고? 누가 보라고 알려준 거야. 진짜 왜 그래? 어디 가서 얘기하기도 창피하다, 야."라고 말하는 순간 아이는 입을 닫고 아무 말도 하지 않을 거예요. 양육자의 마음은 알지만 들킨 아이도 당황하고 마음이 조일 거예요.

잠깐 심호흡하고, 호기심이 생긴 자녀가 성장하는 과정에 생길 수 있는 일이라고 생각하자고요. 그리고 양육자 자신의 사춘기에는 어땠는지를 떠올려보면 과도한 반응은 안 하실 수 있을 거예요.

양육자한테 자녀가 불편해하지 않고 배운다면 좋지만, 그렇지 않을 경우는 학교나 성교육 전문가 선생님에게 수업을 요청하셔도 됩니다.

14. 아이가 이성교제를 시작했습니다

친구를 대하는 법

친구를 좋아하면 모든 게 좋아 보일 정도로 푹 빠지게 됩니다. 좋아하는 감정과 성적인 끌림은 지극히 자연스러운 현상입니다. 이럴 때 도파민이 나오죠. 행복감의 수치도 높아집니다. 그러나 어른처럼 길게 가지는 않아요. 아이들은 정신없이 변하며 성장하기 때문이죠.

다 그런 것은 아니지만, 아이들은 미디어에서 학습한 대로 연애하려는 경향이 있습니다. 양육자는 자녀의 교제를 모른 척해서는 안 되겠지요. 아이에게 연애의 어떤 점이 좋은지, 불편함을 느낀 적은 있는지, 만약 상대방이 부적절한 요구를 계속해 오면 어떻게 할 건지 등에 대해 미리 생각해 보고 표현하게 해야 합니다. 양육자로서 아이의 교제에 관해 걱정하는 것을 솔직하게, 사랑하는 마음을 담아 표현하세요.

내 아이가 누구와 만난다면 걱정이 됩니다. 교제를 허락해야 하나 말려야 하나, 몰래 만날 수도 있는데…, 공부를 못 할 정도로 정신을 빼앗기면 어떡하지? 스킨십은 어디까지 했는지 어떻게 물어봐야 하나? 고민이 계속 꼬리를 물 수도 있어요. 이런 상황은 성교육의 기회가 됩니다.

무조건 만나지 말아라가 아니라 어떻게 하면 건전하게 교제할 수 있는지 대화하면서 방법을 함께 고민하세요. 가정마다 규율이 있으니 방법은 양육자가 서로 의견을 나눈 다음에 아이에게 일관성 있는 모습으로 대화하세요.

"우리 ○○이가 벌써 친구를 사귈 나이가 됐구나. 아기로만 있을 줄 알았는데 많이 컸네. 그런데 그 친구랑 사귀자고 서로 동의는 한 거야? 만나다가 불편한 일이 생길 수 있어. 그럴 땐 어떻게 하는 게 좋은지 생각해본 적 있니?"

그전까지는 마음에 가족만 담을 수 있던 자녀가, 이제는 다른 교제 상대까지 담을 수 있게 되었습니다. 자녀의 마음 크기가 달라지고 있음을 인정하고 성장하고 있음을 축하해주세요.

만약 교제를 인정하기 어렵다면 양육자가 솔직하게 마음을 보여주세요. 명령이나 강압이 아니라 왜 걱정하는지 그 마음을요. 도저히 인정을 못 하겠다고 하면서 부정하면, 아이는 숨어서 몰래 만나는 방법을 선택할 수도 있습니다.

만남을 허락하는 대신 자녀와 함께 귀가 시간이나 만남의 빈도 등과 관련해 규칙을 만드세요. 규칙을 잘 지키지 못했을 때는 어떻게 하면 좋을지도 자녀와 함께 정하세요. 아직 경제활동을 하는 나이는 아니니까, 데이트 비용도 서로 자기 용돈을 쪼개가며 쓸 것입니다. 그러니 서로 배려하며 용돈에 비해 과한 지출이 일어나지 않게 하고, 안전을 위해서 함께 다니는 장소 등에 관해서 물어보세요.

친구를 만나러 나가는 아이를 따뜻하게 안아주면서 '너를 사랑하고 믿는다.'라는 말도 해주면 좋습니다. 물론 아이가 솔직하게 이야기했을 때 가능하겠죠.

카카오톡으로 친구를 사귀는 고등학생의 양육자는 사귀는 친구의 얼굴이나 이름도 모른다는 것에 마음이 내키지 않았어요. 아이에게 제안했습니다.

"○○야, 그 친구 밖에서 만나는 것보다 집에서 보면 어떨까?"

"엥, 불편한데."

"불편할 수는 있겠지. 그런데 엄마 아빠도 밖에서 네가 그 친구 보는 동안 마음이 너무 불안해. 서로 불편한 거 나누자. 만나지 말라가 아니라 안전하게 집은 어때? 요즘 코로나로 밖에서 안전하게 만나는 것도 어려우니까, 그 친구한테 물어봐줄래?"

"서로 불편한 거 맞는데, 나를 조금 이해해주니 친구한테 물어볼게."

서로 동의하에 집에서 만나는 걸로 만남을 이어갔습니다.

교제하는 아이와 대화하는 데 정답은 없어요. 똑같은 말을 했는데도 어떤 아이는 잘 받아들이고, 어떤 아이는 지나치게 통제한다고 생각해서 말문을 닫을 수도 있어요. 가장 좋은 방법은 양육자가 내 아이의 성향을 잘 파악하고 판단하는 것이지요.

이렇게 물어보는 방법도 있습니다.

"자세한 거 물어보고 싶은데, 네가 불편해할 것 같으니까 귀가 시간하고 어느 동네에서 만나는지만 말해줄래?"

"내가 알아서 해요. 걱정은 넣어두세요."

"우리 ○○이 알아서 잘하는 건 알지. 그래도 엄마 아빠는 요즘 문화가 어떤지도 궁금하고, 어디서 만나는지는 알아야 할 것 같아. 이건 잔소리가 아니라 미성년 자녀에 대한 양육자의 의무와 책임이라고 생각한다."

아이가 얘기할 수 있고, 안 할 수도 있어요. 안 하는 아이에게 끝까지 물어보긴 힘드실 거예요. 대화 한 번에 하나씩 시간을 두고 아이와 규칙을 차근차근 만드세요.

말하기 힘들고 어렵더라도 피하지 말고 직접 대화하세요. 양육자가 먼저 손을 내밀면 아이들도 양육자를 의지하고 어려움이 생겼을 때 가장 먼저 도움을 청하고 의논하며 해결해나갈 겁니다.

피임법에 관한 이야기를 꺼낼 때

이른 성교육으로 아이한테 호기심이 더 생기는 거 아니냐고요?

아닙니다. 월경하기 전에 월경을 배우고, 몽정하기 전에 몽정에 대해 알아둡니다. 건강한 몸과 마음으로 성장하기 위해서 조금 미리 배우는 겁니다. 교과목 학습은 당연하게 받아들이면서 성교육 학습은 왜 불편해하시나요? 태어남과 동시에 성교육이 시작되고, 성장 과정에 좀 더 구체적으로 배워야 할 필요가 생기는 것을 어려워하지 마세요.

처음 성관계를 경험하는 나이가 낮아지고 있습니다. 피임 교육은 필수입니다. 청소년 교제는 자연스러운 일이 되었어요. 제가 청소년들과 수업할 때 하는 질문이 있습니다.

"언제 성관계를 하고 싶나요?"

질문받은 청소년 중 이렇게 대답하는 친구가 있습니다.

"지금요."

장난으로 웃자고 하는 얘길 수도 있지만, 진심을 담은 대답일 수도 있습니다. 이 대답을 들은 다음에는 꼭 책임에 관해 이야기를 나눕니다.

본인 몸에 대한 책임, 교제 상대에 대한 책임에 대해서죠. 그런 다음 임신에 대한 부분도 꼭 이야기합니다. 생명을 잉태할 수 있는 몸이 되었으니, 성관계를 가졌을 때 일어날 수 있는 상황이죠.

"○○랑 만나는 거 좋지? 스킨십 어느 정도까지 했는지 물어보면 엄마가 주책인가?"

"왜 그런 걸 물어요?"

"응, 커가는 우리 ○○이가 양육자가 될 수 있다는 걸 알려주고 싶어서."

"내가 엄마나 아빠가 될 수 있어요?"

"그럼. 좋아하는 이성 친구와 사랑의 관계가 깊어지면 엄마 아빠가 될 수 있지. 네가 꿈을 키우기도 전에 양육 책임을 져야 하는 상황이 되면 어떻게 할까? 하고 만일이라는 상황을 생각해보자는 거야."

"에이, 엄마. 내가 알아서 해요."

"물론 우리 ○○이가 알아서 잘할 거 믿지. 아이를 맞이할 준비가 됐을 때 낳는 것이 가장 좋은데, 아이가 찾아오면 어떻게 할지 미리 생각해보면 좋지 않을까?

<우리들의 블루스>라는 TV 드라마에서 고등학생이 양육자가 되어가는 과정을 보여주는 에피소드가 있습니다. 학생 각자의 양육자 모습과 임신 과정, 학생들이 양육을 선택할 때의 갈등, 또 학교에서 학생 신분으로 임신해 달라지는 생활을 생동감 있게 그려냈습니다. 아이와 드라마의 내용을 토대로 대화해보면 어떨까 싶습니다. 학생은 양육자를, 양육자는 본인의 자녀를 존중하려면 어떻게 대화할 것인지 생각을 나누어보세요.

청소년은 자기 나이가 아직 어린데, 엄마나 아빠가 될 수 있을 거라고는 생각하지 않습니다. 좋은 감정으로 스킨십을 하거나 성관계에

호기심이 있는 것뿐이죠. 그렇다고 아이의 스킨십에 대해 '하지 마라, 어디까지만 해라'라고 말할 수도 없고, 어디까지 얘기해야 하나 고민이 될 겁니다.

먼저 터놓고 이야기할 환경이 조성되어야 합니다. 이야기를 꺼내기 힘들면 게임이나 영화의 예를 들어서 말문을 열면, 등장인물의 관점에 대해서 논할 수 있으니 좋습니다. 양육자는 자녀가 성장하면서 어떤 생각을 하는지 알 수 있고, 자녀는 양육자가 어떤 마음으로 이런 이야기를 하는지 이해할 기회가 됩니다. 미리 선을 긋지 말고 편견 없이 대화하세요.

교제하는 자녀와 마음에 관해 대화한 다음, 스킨십에 관해서도 대화할 수 있습니다. 스킨십할 때 원칙을 세우는 것이 좋아요. 이 또한 자녀가 세우게 하세요. 양육자의 원칙은 그다음에 같이 조율하는 게 좋습니다.

아이들은 스킨십을 거절하면 상대방이 떠날까 봐 스킨십에 억지로 응할 때가 있어요. 상대와 더 빨리 가까워지고 싶어서 먼저 시도하기도 하고요.

중2 여학생이 이런 말을 했어요.

"선생님 키스는 좋은데요. 키스할 때 가슴을 만지는 건 안 좋아요."

"거절했어요?"

"아니요, 거절은 못 했어요. 남자 친구가 민망해서 다음에 저를 피할까 봐요. 안 만나주면 어떡해요."

"스스로 자기 마음을 존중하지 않으면, 다른 사람도 나를 존중하지 않아요. 남자 친구보다 본인 마음이 더 소중해요. 남자 친구가 여자 친구를 정말 소중하게 생각하면 힘들고 싫은 걸 억지로 시키겠어요, 괜찮아질 때까지 기다리겠어요? 싫을 땐 거절하는 게 당연한 거예요."

양육자는 아이와 대화하면서, 아이가 교제할 때 본인의 감정을 제대로 표현할 수 있도록 용기를 주세요.

피임법 설명하기

가장 기본적이고 쉬운 피임 방법으로는 콘돔이 있습니다. 콘돔 사용법도 남자, 여자에게 똑같이 교육합니다. 청소년의 올바른 피임법과 피임률을 높이기 위해서는, 청소년이 첫 경험을 하기 전에 피임 교육을 꼭 해야 하며, 결코 부끄러운 것이 아니라는 것을 알려주어야 합니다.

성관계 처음부터 끝까지 콘돔을 사용했을 경우 피임 실패율은 2%에 불과하지만, 관계 도중에 콘돔을 착용하면 피임 실패율은 18%로 상승합니다. 따라서 콘돔은 관계의 처음부터 끝까지 착용하는 것이 올바른 사용법이겠죠? 꼭 콘돔을 사용해야 하는 이유는 콘돔은 피임 외에도 에이즈나 각종 성병의 위협에서 자신을 보호할 가장 좋은 방법이기 때문입니다. 성병은 성병의 종류에 따라 다양한 방법으로 전염될 수 있지만, 모든 성병의 공통점은 성적 접촉을 통해 전달될 수 있다는 것입니다. 성병 예방을 위해서라도 콘돔을 꼭 써야 합니다.

많은 사람이 피임 도구 사용하는 것을 등한시하는데요. '귀찮아서', 아니면 '설마 별일이 있겠어' 하다가 별일이 있을 수 있습니다.

일반 콘돔은 의료기기이고, 청소년 유해 물건으로 분류되지 않으므로 구매할 때 나이 제한이 없습니다. 약국과 편의점에서 청소년도 구매할 수 있어요.

콘돔 사용법[1]을 교육하는 것은 성관계를 부추기는 것 아니냐며 반대하는 분이 계십니다. 하지만 반대로 생각해볼까요? 콘돔을 사용하지 않는다고 해서 청소년의 첫 경험 나이가 늦어지고, 임신율이 낮아질까요? 콘돔 사용법을 교육하는 것은 올바른 피임법을 알려서 피임률을 높이기 위함입니다. 나아가 청소년 임신을 줄일 수 있고요.

그럼 콘돔은 어디에 보관할까요? 영화에 보면 서랍이나 가방 깊숙한 곳에서 나오죠. 보관 온도 때문입니다. 유효 기간은 포장 겉면에 쓰여 있으니 아이들한테 설명하는데, 보관법은 성인도 모르는 사람이 가끔 있습니다. 또 콘돔끼리 마찰을 일으켜 손상을 일으킬 수 있으니 사용할 때 과하게 비비면 안 되겠죠.

먹는 피임약도 있지만 청소년 시기에는 먹지 않는 것이 좋습니다.

---

1 **동영상 참고 자료**
https://www.facebook.com/watch/?v=1669815959953351

먹는 약은 호르몬을 인위적으로 조절하기 때문에 두통, 복통, 메스꺼움, 어지러움 등의 부작용이 있어요. 약을 먹고 3시간 이내에 구토하면, 병원에 방문해서 재처방받아야 합니다. 생리 주기 안에 2회 이상 복용하면 안 되고, 복용 직후 부작용 외에 생리 주기의 변화, 하혈, 생리통 등 복용 후 부작용도 있어요. 사람마다 달라서 그렇지 않은 친구도 있지만 호르몬을 인위적으로 막는 일은 좋지 않습니다.

병원에 처방·진료 기록이 남지만, 기록은 본인이 허락하지 않으면 가족이라도 볼 수 없으니 걱정하지 않아도 됩니다. 이 얘기는 하기 힘들어도 꼭 하세요. 아이들이 보호자를 동반해야 하는 줄 알고 몸에 이상이 있어도 참는 경우가 있습니다. 자녀에게 당부할 말은 병원을 다녀온 후에 양육자가 알고 있어야 도와줄 수 있으니 갈 때는 혼자 가더라도 나중에라도 꼭 알려 달라고 하세요. 아이들의 건강한 몸과 마음을 같이 지켜야지요.

피임 성공률이 99%로 높고 몸에 착용하는 게 아니라 편하다고 생각할 수 있지만, 정말 사랑하는 사람을 생각한다면 먹는 약보다는 콘돔으로 피임하는 편이 훨씬 좋습니다.

또 다른 피임 방법으로는 사후피임약이 있습니다. 성관계 후에 임신을 막기 위해 먹는 약이죠. 원치 않은 성관계가 있었거나, 성관계 시 피임 도구가 손상되었거나, 사전 피임을 하지 않았을 때 사용합니다. 사후피임약은 의사 처방이 필요하므로 반드시 병원에 방문해야 해요.

부인과가 아니더라도 일반의가 진료하는 소아청소년과, 내과, 가정의학과 등의 병원에서 처방받을 수 있습니다. 만 13세 이상은 보호자와 함께 가지 않아도 진료받을 수 있지만, 대리처방은 받을 수 없습니다.

월경 주기가 일정하게 정착되지 않은 청소년이 사후피임약을 여러 번 복용하면 호르몬 체계가 흔들릴 수 있어요. 성인보다 생리불순이나 난임 등의 위험이 커지죠. 그러니 사후피임약을 쉽게 생각하지 않으면 좋겠습니다. 성폭행이 일어난 경우에도 사후피임약을 복용합니다. 마음 같아서는 사후피임약을 복용하는 일이 아예 생기지 않으면 좋겠습니다.

청소년기의 임신에 관하여

청소년기의 임신은 아이가 감당하기에 너무 큰 책임이 따릅니다. 출산 아니면 임신 중단 중에 선택해야 하지요. 이때 자녀에게 양육자가 해줄 수 있는 건 무엇일까요?

임신 초기에는 아이가 임신 사실 자체를 모르는 일도 많아요. 몸의 변화를 감지하지 못할 수도 있고요. 성관계를 나무라는 일도, 피임을 왜 안 했냐고 다그치는 일도 소 잃고 외양간 고치는 일이겠지요. 자녀가 양육자에게 터놓고 얘기할 수 있으면 그나마 다행일 거예요. 임신은 여자 책임이라고 생각하는 경우가 많거든요.

하지만 임신은 혼자 할 수 없습니다. 성관계를 한 둘 모두에게 책임이 있다는 말씀입니다.

10대 청소년의 무책임한 행위를 정당화하는 것은 결코 아닙니다. 하지만 이런 상황의 당사자에게 남자 잘못이지 여자 잘못이지 나무라기만 할 것이 아니라 사회가 따뜻하게 품어줄 안전장치도 마련해야 하지 않을까 하는 생각입니다.

출산과 임신 중단 중 어떤 선택이 맞고 틀린다고도 말하기 어렵습니다. 보통은 임신하면 축하받는데, 청소년이 임신하면 어디 가서 제대로 얘기도 못 하는 데다가 죄의식과 수치심을 느끼며 정신적으로 불안정한 상태에 놓이게 됩니다. 선택의 갈림길에 선 청소년이 양육자로부터 깊이 사랑받고 있다고 느낄 수 있게 표현해주세요.

청소년의 임신과 관련해서 당사자들이 이후에 건강한 어른으로 성장하느냐의 여부는 어른의 책임이 큽니다.

3장

성폭력 사건이 일어나기 전에

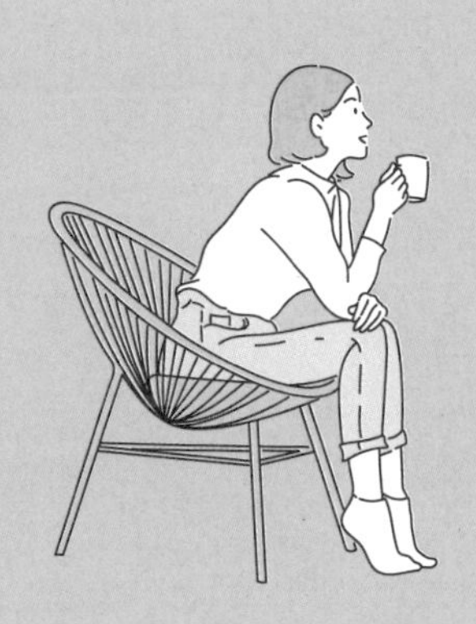

◆ ◆ ◆

성폭력 예방 책임은 성인에게 있습니다. 성인이 성폭력 등에 대해 정확하게 정보를 인식하고 먼저 이야기한다면 지금보다 안전할 수 있어요. 신뢰 관계를 맺고 있는 사람이 항상 곁에서 보호하고, 언제든지 편안하게 이야기하는 분위기가 마련되어야 합니다. 어려운 문제가 생겼을 때는 친구끼리 해결하려는 것보다는 학교 선생님이나 양육자와 같은 어른에게 바로 말해야 하고, 어떠한 이야기를 하더라도 어른은 경청하는 태도를 유지해야 합니다.

성폭력의 개념 파악하기

성적 자기결정권이란 성행위 여부와 상대방, 시간과 장소 등의 모든 사항에 관해 개인 선택과 결정을 보장받을 권리를 말해요. 성폭력 판단 기준은 상대방의 동의가 있는지 없는지에 따라 크게 달라집니다.

성폭력 행위는 크게 접촉 행위와 비접촉 행위로 구분합니다. 만지는 행위(접촉 행위)에는 생식기 등 몸을 만지거나 만지도록 하는 것, 질이나 항문에 손가락이나 물건을 삽입하는 것, 구강성교, 성교 등이 있어요. 만지지 않는 행위(비접촉 행위)에는 성적인 말을 하는 것, 관음증, 노출증, 청소년에게 음란물을 보여주는 것 등이 포함됩니다. 비접촉 행위에는 성과 관련된 언어로 인한 정신적 폭력도 포함됩니다. 자신의 성적 욕구를 충족하기 위해 힘의 차이(물리적인 힘뿐만 아니라 역할 관계, 나이, 지적 수준, 사회적 지위 등)를 이용하여 상대에게 가하는 모든 성적 행위를 의미합니다.

고등학교 1학년 때 한 살 위 선배한테 성추행을 당한 경험이 있는 대학생은, 지금도 그 순간의 기억이 떠올라 주변에 있는 선후배나 친구도 믿지 못하겠고, 잔상이 지워지지 않아 불편하다는 이야기를 했습니다. 상담 선생님과 연결해주면서도 마음이 편치 않았어요. 모든 폭력은 지워지지도 사라지지도 않습니다.

심한 경우에는 성폭력으로 인해 한 가정이 풍비박산 나기도 합니다. 한 상가에서 이웃으로 지내던 가게 주인이 옆 가게 주인의 자녀(6세 여아)를 놀이터로 유인해 성폭행한 사건이 있습니다. 아이의 양육자는 CCTV로 옆 가게 주인인 걸 확인하고는 충격으로 쓰러졌습니다. 한순간에 단란했던 가정이 무너졌습니다.

성폭력은 보이지 않는 살인입니다. 당사자는 물론 가족 모두가 평생 그 고통을 안고 살아야 하죠. 즐거움이 있어도 즐겁지 않고 외상 후 스트레스를 이겨낼 힘을 사회가 함께해야 하는데 현실은 그렇지 않습니다. 성폭력은 인간관계를 무너지게 합니다. 성폭력을 당한 사람은 사회생활에 적응하기 힘들 만큼 큰 상처를 안고 살아갑니다.

네 잘못이 아니라고 말해주세요

성폭력을 당했을 때는 아이의 잘못이 아니라는 것을 알려줘야 합니다.

해당 사실을 양육자나 선생님에게 언제든지 터놓고 이야기할 수 있도록 환경을 조성하는 것이 중요하며, 이야기하면 안전해질 수 있다는 것을 아이가 인지하게 하는 것이 필요합니다.

성폭력 가해자가 피해자와 어떤 관계에 있는 사람인지, 얼마나 위협적으로 대했는지, 얼마나 더 자극적이었는지 등에 따라 피해를 느끼는 심각성은 달라집니다. 남자보다 여자의 성폭력 피해가 매우 심각한데, 이는 우리 사회의 남성 중심적 사고와 이에 따른 차별적 성역할, 왜곡된 성 인식 등에 기인하므로 성폭력을 근본적으로 예방하기 위해서는 어릴 때부터 양성 평등적 사고를 하게끔 생활 감수성 교육을 해야 합니다.

피해를 본 후에는 사람들과 인간관계, 신뢰 관계 형성에 어려움을 겪습니다. 대인관계에서 어려움이 발생하고 피해자로서 받아야 할 적절한 보호 조치를 받지 못하면 피해자는 사회와 고립될 수 있습니다. 이러한 영향은 성인이 되어서도 지속되기도 한다는 점이 성폭력 예방 교육을 해야 하는 이유입니다.

일어나면 안 되는 일인 걸 어릴 때부터 가정에서 교육해야 합니다. 아무도 믿지 말라는 교육을 해야 하는 점이 안타깝지만 '언제든 네 편이 되어줄 양육자가 있다'는 점을 상기시켜주세요.

만약 성폭력 상황이 발생했다면 즉시 전문가가 개입해야 합니다. 양육자 역시 성폭력 사건으로 매우 힘들고 혼란스러움을 겪을 것입니다. 이런 양육자의 심리적인 어려움도 해소하고, 아동을 적절하게 보호하고 대처할 수 있도록 양육자의 역할 및 수행 능력을 향상해야 합니다.

해바라기 센터에서는 성폭력 치유회복 프로그램 '보호자를 위한 햇살'을 내놓았습니다.

1) 보호자가 아동에게 적절한 보호와 대처를 할 수 있도록 보호자의 역할과 수행 능력을 향상시키고자 한다.
2) 2차 피해를 예방하여 아동의 심리적인 회복을 돕는다.
3) 성폭력에 대한 정확한 정보 제공과 교육을 통해 보호자의 이해 및 대처 능력을 향상시킨다.
4) 성폭력 사건으로 겪는 보호자의 심리적인 어려움을 해소하고 긍

정적인 자원으로 전환할 수 있도록 한다.

주변에 도움이 필요한 가족에게 알려주세요. 상처를 치유해야 합니다.

성폭력 예방 교육은 가정에서부터

전문 지식이 있어야만 성폭력 예방 교육을 할 수 있다고 생각하시나요? 어려운 교육이지만 그렇지도 않습니다. 생활 교육으로 성폭력을 예방할 수 있습니다. 성폭력이란 심리적, 물리적, 법적으로 성과 관련되어 다른 사람의 생명을 위협한다는 의미입니다. 위협을 가한 폭력적인 사태를 통틀어 이르는 말이죠. 그러므로 성인지 감수성을 높이는 교육이 성폭력 예방 교육입니다. 성별에 따르는 차별적 요소를 찾고, 이를 해결하는 능력을 키우면 좋아요.

가족 중에 남매가 있는 집은 사춘기에 민감합니다. 그도 그럴 수밖에 없는 게 남매가 놀다가 신체 접촉이 살짝이라도 있으면 소리 지르는 아이가 있어요.

"오빠, 이건 성폭력이야!"

"아닌데?"

이야기하는 오빠를 밀치며 말합니다.

"신고할 거야."

장난이라도 이런 말을 할 때는 아이의 감정을 알아주시고 무조건 스친다고 성폭력이 아니라는 점도 이해시켜주세요.

몇 해 전 한 초등학교 수학여행에서 포크 댄스 추다가 여학생이 남학생에게 성추행당했다고 해서 난리가 난 일이 있습니다. 남학생의 어머님이 상담을 요청하셨습니다.

"학폭인지 아닌지, 어느 선까지 추행인지 모르겠어요."

전학해 왔고 아직 친해진 것이 아니고, 서로를 잘 모를 때 일이 발생한 거죠.

"왜 만졌어요?"

"만진 게 아니라 춤을 추다가 돌면서 스친 거예요."

사춘기에 접어든 친구들이 민감할 때 자기 보기를 훈련해야 합니다. 그냥 기분이 나쁜 상태였는지, 정말로 스친 게 아니라 만진 건지, 아이들도 헷갈릴 때가 있어요.

상담 선생님과 상담하고 양측 양육자님이 합의하면서 일은 마무리되었습니다. 가해자도 피해자도 없는 일로요. 하지만 슬프게도 남학생은 그 사건 후로 상처받아 마음을 닫아버렸어요. 관계망이 무너졌죠. 친구도 못 사귀고 만남 자체를 다 끊어버렸어요. 대학생이 된 지금도 친구 사귀기를 힘들어 한다고 합니다. 우리 모두의 아픔입니다. 여학생 소식도 알고 싶은데 연락이 닿지 않습니다. 두 아이 모두에게 아픔이네요.

성교육은 '하지 말라'고 가르치는 겁니다

성폭력은 다른 사람의 몸과 마음을 존중하지 않을 때 일어납니다. 학교에서도 가정에서도 성폭력 예방 수업을 어렵고 불편해합니다. 좋지 않은 상황에 맞닥뜨렸을 때 어떻게 대처할 것인가를 배우는 시간이니 편할 리가 없지요.

"너 옷 그렇게 입고 다니면 뭔 일 난다. 옷 바르게 입고 다녀."

불과 얼마 전까지 어른들이 흔히 하던 말입니다.

그런데 남의 물건을 훔치지 말라고 가르치지, 남이 네 물건을 훔치지 않게 조심하라고 가르치지 않잖아요. 성폭력도 마찬가지예요. 성폭력을 당하지 않아야 하는 것이 아니라, 성폭력을 저지르지 말아야 하는 거죠. 당하는 걸 염려하는 교육이 아니라, 하지 말아야 하는 교육으로 가야 합니다.

일방적이고 강제적으로 성적인 말이나 행동을 함으로써 다른 사람에게 피해를 주는 잘못된 행동이 성폭력입니다. 말로 하는 성희롱을 포함해 강간, 강간미수, 피해자의 혼절 등, 상대방이 동의하지 않았을 때 가하는 성적인 부분에서의 신체적 정신적인 폭력을 모두 일컬어 성폭력이라고 합니다.

"너는 키가 왜 그렇게 작니? 언제 클래?"

기분이 어떠신가요. 상대가 어떻게 느꼈을까요. 상대를 존중한다는 느낌이 드시나요?

"걱정해서 얘기했는데 기분 나쁘다고? 야, 진짜 무섭다. 이런 말도 못 하냐?"

상대를 불편하게 하는 자체도 옳지 않아요. 아무 생각 없이 하는 말과 행동이 성폭력임을 알지 못해서 아이가 성폭력 가해자가 될 수도 있습니다.

성추행을 시도하는 사람 중에는 선물을 준다든지 재미있는 곳에 가자고 한다든지 좋은 친구나 선배, 멘토처럼 행동하기도 해요.

자녀의 친구를 다 알 수는 없지만 교우관계는 알고 있어야 합니다. 사랑이라는 명목으로 다가올 수도 있어요. 어떤 행동을 하기 전에 상대의 동의를 구해야 함을 다시 한번 얘기해주세요. 신체를 만지거나 성기를 보여주거나 직접적으로 신체를 접촉하지 않아도 다른 방법으로 당황스럽게 했어도 성폭력이 됩니다. 성에 관련된 주제로 짜증, 굴욕감, 모욕감, 민망한 감정을 느끼게 했다면 성폭력이라고 할 수 있어요.

좋아하는 마음을 표현하기

유치원이나 초등학교에서 장난이 심한 친구가 좋아하는 친구의 신체를 장난치듯 터치하고는 달려갑니다. 잡으러 가는 친구는 장난친 친구의 물건에 발이 걸려 넘어졌습니다. 보건실에 가서 치료받다가 주변에 계신 선생님들이 다친 이야기를 듣고는 한마디 합니다.

"그 친구가 너 좋아하나 보다."

좋아해서 다치게 한 거면 용서하라는 건가요. 부끄러워서 좋아하는 감정 표현을 못 하면 만져도 되는 건가요? 보건실에 가서 치료받는 친구는 넘어져서 다친 것도 속상하지만 자기 몸을 함부로 만져서 화가 났는데, 별것 아니라는 듯이 던지는 어른의 말 한마디에도 상처받을 수 있습니다.

어른이 어른에게 폭력을 행사하면서 이렇게 말한다고 해 보죠.

"내가 너 좋아해서 그런 거야. 왜 내 마음을 몰라주니? 제발 내 마음을 받아줘."

상황을 바꾸니 이해가 되시지요? 이걸 심각하게 받아들여야 하나 망설여지실 때는 어른끼리 일어난 상황으로 대치해보세요. 어른끼리 일어난 상황이라도 대수롭지 않은 일인지 확인하고, 만약 그렇지 않다고 하면 신중하게 알려줘야지요.

앞의 상황에서 다친 아이에게는 이렇게 말을 건네서 마음을 안정시켜주세요.

"○○야, 친구 행동에 놀랐지? 마음이 속상했을 거예요. 다친 곳은 없는지 살펴보자. 친구가 ○○랑 놀고 싶어서 한 행동인 것 같은데, 동의를 구하고 놀아야 하는데 행동을 먼저 했네. 선생님도 친구에게 다시 한번 얘기했어요. 어떻게 해야 ○○이 마음이 편해질까? ○○의 생각을 이야기해줄래요?"

발을 걸어 넘어뜨리고 도망친 친구에게는 이렇게 얘기해주세요.

"○○야, 친구가 좋아서 장난으로 발을 건 행동은 바르지 않아요. 넌 좋아한다는 마음으로 그렇게 행동 했지만 상대 친구는 무섭거나 두려웠을지도 몰라요. 먼저 친구에게 '지금 놀 수 있니?' 하고 물어봐야지. 친구가 놀 수 있는 상황이 아니면 다음에 놀자고 하고. 뛰거나 놀다가 서로 몸을 다칠 수 있는 행동은 조심해야지. 그런데 일부러 발을 건다든지 밀치는 행동은 절대로 하면 안 되겠지? 반대로 누군가 네가 좋아서 발을 걸어 넘어지게 한 다음, '장난이야, 난 네가 좋아서 그랬어?' 하면 어떤 생각이 들 것 같아?"

좋아한다면 표현도 제대로 해야 합니다. 잘못 표현했다가는 내 자녀도 성폭력 피해자나 가해자가 될 수 있어요. 이런 기본 교육을 바탕으로 양육자가 성폭력에 대해 정확히 이해하고 아이와 소통하는 것이 아주 중요합니다.

서로를 존중하고 배려하기

청소년기에 이성 교제에 푹 빠져 있을 동안에는 상대를 내 것으로 착각하기도 합니다. 호의로 상대가 좋아할 만한 행동을 하는 것인데도, 자기 마음대로 상대를 움직일 수 있다고 생각하죠. 그러면서 요구는 점점 많아지고, 상대를 통제하는 모습을 보여도 직접적인 폭력을 행사하지는 않으니까, 단순히 좋아하는 마음에서 부탁하는 거라고 생각하고 무안해할까 봐 부탁을 거절하지 못하는 경우가 많습니다. 좋아하면 무조건 상대방 요구에 맞추는 것이 상대를 배려하는 것이라고 생각할 수 있어요. 그건 배려가 아닙니다. 복종이죠.

데이트하면서 기록으로 남긴다고 촬영도 하자고 해요. 동의를 구하지도 않고 막무가내로 찍어요. 상대를 좋아하는 마음에 내키지 않아도 하자는 대로 할 수도 있어요. 그러나 본인의 생각도 이야기해야 합니다. 계속 하자는 대로 하다가 본인이 더 이상 못 참고 싫다고 말하면 여태 가만있다가 갑자기 왜 싫다고 하느냐고 오히려 부당한 요구를 한 쪽이 화를 내요.

양육자는 자녀가 데이트할 때 어떻게 행동하면 좋을지 알려주세요. 계속 상대에게 맞추어주다가 거절하면 상대는 받아들이지 않습니다. 조금씩 갈등하다가 언어폭력을 행사하고, 그러다가 신체 폭력을 동반하는 때도 있어요. 불편함을 참는 것은 배려가 아니라는 점, 나에게 일방적으로 강요하는 상대는 나를 좋아하는 것이 아니라, 자기 맘대로 하는 걸 좋아하는 것뿐입니다. 서로 좋아하는 사이의 두 사람이 존중한다는 것이 무엇인지 알려주세요.

다음은 데이트할 때 나눌 수 있는 대화 예시입니다. 이렇게 비교해서 나란히 써 놓으면 어떤 내용이 자신을 또는 상대를 존중하고 배려하는 말이고, 어떤 말이 서로를 무시하고 명령하는 말인지 알기 쉽습니다. 실제로 친구끼리 대화할 때는 존중하고 배려하는 말을 쓰도록 양육자가 틈틈이 대화하면서 알려주세요.

명령

"난 너 머리 자르는 거 별로야. ○○는 머리가 길어야 해."

"그렇게 짧은 치마는 입지 마. 다른 친구들이 쳐다보는 거 싫어."

"남자는 근육이지. 근육 좀 키워, 너무 약해 보여."

"남자는 머리가 짧아야 멋지지. 너 머리 기르지 마."

존중

"내가 볼 때 넌 긴 머리가 잘 어울려. 헤어스타일을 선택하는 건 네 마음이지만 내 마음은 이렇다고 이야기해주고 싶었어. 그렇다고 네가 하기 싫은 걸 하라는 뜻은 아니야. 난 네가 어떤 모습을 해도 다 좋아."

"서로에게 멋지게 보이고, 좋은 친구로 보이고 싶은 마음은 같은 거야. 그런데 나한테 맞춰주고, 내 뜻대로 하라고 하면 그건 친구가 아니야. 있는 그대로의 모습을 소중하게 생각하고 인정해야 한다고 본다."

"○○는 이렇게 이야기 들으면 어떤 것 같아?"

"어떠니? 어떨까? 어느 편이 더 나을까? 왜 그렇게 생각했어? 서로 물어보고 의견을 제시하는 게 좋아."

"우린 서로 그런 터치는 안 하지만 만약에 한다면 생각해볼게요."

양육자가 평소에 자녀의 이성교제를 반대했다면 정신적 육체적 피해를 보고 있어도 자녀는 혼자 고민하고 터놓고 이야기하지 못합니다. 양육자와 정서적 연결이 중요합니다. 이성 교제를 통제하려고만 하지 마시고 인정하세요. 인정하면서 관계 교육과 경계 교육을 해야 합니다.

랜덤채팅에 속지 않으려면

최근 아이들이 말하는 장래 희망 중에 유튜버가 많습니다. 그만큼 카메라 앞에 자기를 노출하는 것을 어색해하지도 않고, 오히려 더 나서서 찍히려고 하는 아이도 있습니다.

누군가를 좋아하고 사랑하는 건 나쁜 게 아닙니다. 당연히 그런 마음이 생길 수 있어요. 하지만 어떤 경우에도 카메라 앞에서 자기 신체를 노출하면 안 됩니다. 자기 얼굴 외에 다른 신체를 찍는 행위는 상당히 위험해요. 잘 아는 친구니까, 선배니까 괜찮다고 해도 설득당하면 안 됩니다. 범죄에 노출될 수 있습니다. 딥페이크 같은 영상 합성 기술의 발달로 찍은 적도 없는 성착취물의 주인공이 되어 유포 협박을 받기도 하며, 누군가를 합성해서 성적 대상화를 할 수도 있어요. 수사에 의하면 상당수가 미성년자였다는 사실이 놀라운 점입니다. 성인도 있었지만요.

SNS가 자연스러운 요즘 알 수 없는 사람이 자녀한테 다가올 수 있어요. 마냥 어리게만 보이던 우리 아이한테는 그럴 일이 안 생긴다고 단정할 수 없습니다. 뉴스에 나오는 일은 누구한테든 생길 수 있는 일이니 가벼이 여기지 마시고, 아이들에게 위기 상황이 오면 어떻게 대처할지 함께 생각하세요.

랜덤채팅이란 말이 있습니다. 일명 묻지 마 채팅이지요. 아이들 손에는 항상 스마트 폰이 있습니다. 랜덤채팅 앱은 말 그대로 불특정 이용자와 채팅 상대를 연결하는 서비스예요. 모르는 사람과 무료한 시간을 채팅하며 보내기 위해 소통하는 플랫폼입니다. 메신저를 통해 아이들에게 접근해 친절하게 대하다가 아이들 정보를 알아내고 알아낸 정보로 협박하기 시작하는 것이 수법입니다.

2021년에 있었던 사건입니다. 모바일 게임을 통해 초등학생에게 접근해 얼굴과 몸의 일부분을 사진 촬영해 보내주면 돈을 주겠다고 한 중학생이 있었습니다. 이 초등학생은 돈을 벌 욕심에 별 의심 없이 요구하는 대로 영상을 찍어서 메신저로 보냈는데, 중학생은 보내주겠다던 돈을 보내지 않고 다른 영상을 더 찍어서 보내라고 협박했습니다. 초등학생은 돈을 받기는커녕 협박당하자, 더는 숨기지 않고 양육자에게 알림으로써 더 큰 피해를 막을 수 있었습니다.

아이들한테 말을 안 들으면 양육자한테 알린다면서 아이들의 감정을 자극합니다. 본인 말을 들어야 한다며 아이들의 감정을 길들인 것이지요. 안타까운 일은 모든 아이가 양육자가 아는 게 두려워 협박을 받아들였다는 사실입니다. 양육자가 아이에게 무서운 존재로 인식되었다는 점입니다. 양육자는 무섭고 두려운 존재가 아니라, 아이의 편임을 알려주세요.

경찰청 관계자는 지능범이 노리는 유형 중에는 용돈이 부족해 친구에게 돈을 빌리고 갚지 않은 학생이 많다고 합니다. 모바일 게임 등으로 씀씀이가 커지면서 용돈이 부족한 청소년이 많은데, 그중에는 친구에게 돈을 빌리고 갚지 못하게 되자, 좀 더 쉬운 방법으로 돈을 벌려고 하다가 지능범죄에 당하는 사례가 많아진다고 하네요.

여기에 더해서 몸캠 피싱은 청소년 피해자도 많지만, 가해자도 많다고 합니다. 또 직접적인 가해자는 아니더라도 불법 콘텐츠를 사고팔다가 걸린 청소년 범죄자도 늘었다고 해요.

N번방 사건으로 성범죄를 엄중하게 처벌해야 하는 중범죄로 인식하게 되었습니다. 하지만 아직도 랜덤채팅 방이 무분별하게 많아요. 여성가족부는 2020년 9월 랜덤채팅 앱을 청소년 유해매체로 지정하고 회원가입 시 성인인증을 함으로써 청소년의 가입을 막았습니다.

앱이 금지되자 이번엔 규제가 없는 카카오톡 오픈 채팅으로 다가오는 나쁜 사람들이 있습니다. 이 앱을 통해 아이들이 친구를 사귀고 만납니다. 그런 사교 활동을 아예 막을 수 없다면, 모르는 사람과 만나는 것은 아주 위험하다는 것을 알려주세요. 아는 사람도 자기 경계선을 넘으려 하면 '안 돼'라고 말하는데, 모르고 낯선 사람이 나한테 과하게 친근하게 굴면 당연히 경계해야겠지요?

좋은 접촉과 나쁜 접촉을 구분하여 알려주기

친밀한 접촉과 성적인 접촉에 대한 구별 능력을 갖추는 것은 어릴 때부터 가정에서, 학교에서 어떤 접촉을 경험하느냐에 달려 있어요. 스스로 좋은 접촉과 나쁜 접촉을 구분하여 대처하기란 쉽지 않아요. 경험 정도가 작을수록, 나이가 어릴수록 어렵습니다. 따라서 교사나 양육자 등 청소년 주변의 보호자들이 허용해도 되는 좋은 접촉과 나쁜 접촉이 어떤 것이 있는지 구분하여 알려주어야 합니다.

좋은 접촉은 양육자가 아이에게 동의를 얻은 후 "우리 ○○이, 잘 다녀왔니? 어떻게 놀았어?" 하면서 안아줍니다. 놀이터에서 놀 때, 양육자가 목말을 태워주는 것은 좋은 접촉으로 느낍니다. 손자가 예뻐서 할머니가 포근하게 안아주는 것도 좋은 접촉입니다.

나쁜 접촉은 동의 없이 몸을 더듬는 행동입니다. 아이가 인지하지 못할 경우, 인형으로 더듬는 모습을 보여주세요. 억지로 스킨십하거나 뽀뽀하는 행동입니다. 아이가 느꼈을 때 조금이라도 불편하고 기분이 나쁘면 나쁜 접촉입니다.

성폭력을 대하는 어른의 자세

양육자 대부분은 내 아이가 피해자가 될까 봐 걱정하지, 가해자가 될까 봐 걱정하지는 않으실 겁니다. 당연하죠. 내 눈에는 여전히 순진하고 사랑스러운 아이가 가해자로 보일 리 없지요. 그러니 가해자라고 들으셨다면 믿기 힘드신 게 당연합니다. 부정하고 싶은 마음이 크실 거예요. 하지만 곰곰이 생각해보세요. 성추행 등을 포함한 학교폭력 사건에서 피해자는 하나나 둘이고, 가해자는 여럿입니다. 가해자가 피해자보다 훨씬 많지요.

일단 학교에서 아이가 가해자라는 연락을 받으면, 당황스럽더라도 고통스러울 피해자를 생각해서 어떤 상황인지 먼저 사실을 파악해야 합니다. 학교나 수사기관을 통해 가해 행동을 확인한 다음에는 아이와 양육자 모두 피해자에게 마음을 다해 진심으로 사과해야 합니다. 또한 아이를 위해 직접 합의한다고 나서서 연락하지 마세요. '이번 일은 실수고 아이들이 크는 상황에서 그럴 수도 있지 않으냐고, 좋아하는 마음을 잘못 표현했다'고도 하지 마세요.

성추행은 결코 상대를 좋아하는 마음에서 나오는 행동이 아닙니다 이 책에서 누누이 이야기한 것처럼 상대를 좋아하는 것은 곧 상대의 의사도 존중한다는 뜻인데, 좋아하는 사람이 싫다는 행동을 굳이 하는 것은 상대를 존중하는 행동이 아니니까요.

이번이 처음이라 몰라서 그런 거니 용서해 달라면서 피해자와 가족이 마음의 상처를 치유하기도 전에 용서를 강요하는 것도 2차 가해가 될 수 있습니다. 마음이 초조하고 빨리 해결하고 싶은 마음은 크시겠지만 잠시 접어두고, 기관에서 얘기하는 절차를 따라주세요.

1366 여성의 전화

<피해자 지원 체계>

<성범죄 발생 시 대처 방법>

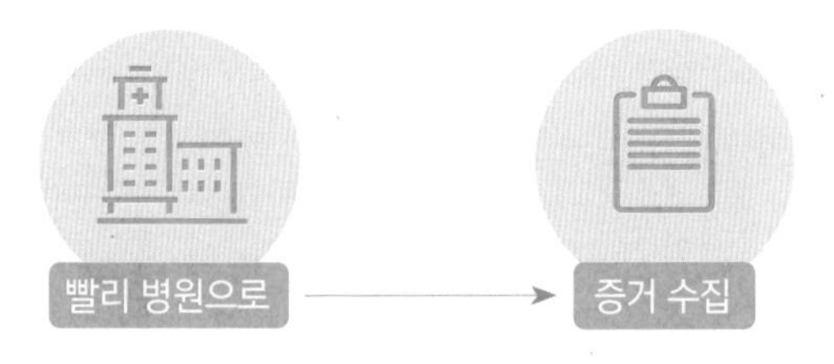

· 몸에 멍이나 상처가 있으면 사진을 찍어 놓으세요.

· 증거 수집을 위해 몸을 씻지 않은 채로 가능한 한 빨리 병원(해바라기 센터)으로 가야 해요.

· 자신을 지지해주고 도와줄 사람을 찾아요.

· 혼자 있지 말고 가족이나 친구 집 등 안전한 장소로 피하세요.

· 성폭력 전문 상담 기관에 도움을 청하세요.

· 감정을 가라앉히고 고소 여부를 상담소와 상의하면서 결정하세요.

<아동 청소년 성매매 대처 방법>

· 성매매를 강요한 증거(녹취록, 장부 등)를 수집해요.

· 몸에 멍이나 상처가 있을 경우 사진을 찍어 놓으세요.

· 성매매 전문 상담 기관에 도움을 요청하세요.

· 자신을 지지해주고 도와줄 사람을 찾아요.

· 이유 없이 돈을 빌려준다거나 숙식을 제공하겠다는 업주를 신고해요.

<범죄 유형에 따른 성폭력>

종류	내용
친족 성폭력	친족관계라는 일상적 친밀감과 신뢰 관계에서 발생하는 성폭력(친족의 의미는 4촌 이내 혈족 또는 인척과 동거하는 친족)
동성 간 성폭력	동성 간에(여성 간 남성 간에) 일어나는 성폭력
데이트 성폭력	성적인 친밀감이 있으면서 데이트 관계에 있는 상대방에게 동의 없이 강간뿐만 아니라 강간미수, 성추행, 성희롱 등 성적인 행동을 하여 신체적·정신적 폭력 피해를 입히는 행위
학내 성폭력	학교를 둘러싼 인간관계 특히, 권력관계에서 우월적 지위를 가진 교수와 교사가 학생에게 행하는 성폭력, 선후배 혹은 또래 학생 사이에서 일어나는 성폭력
직장 내 성폭력	직장 내에서 성을 매개로 상대의 동의 없이 상대가 원하지 않는 말이나 행동을 하여 불쾌감을 주거나 이를 이유로 고용상 불이익을 주는 행위
스토킹	괴로움과 공포심을 느낄 정도로 행하는 반복적이고 잦은 침범적 행위
사이버 성폭력	사이버 공간 등을 매개로 이루어지는 성적 침해 행위

<대상에 따른 성폭력>

종류	내용
어린이 대상 성폭력	만 13세 미만 어린이에게 성폭력을 하는 행위
청소년 대상 성폭력	만 13세 이상 19세 미만 (19세 도달 1월 1일 전까지) 아동 청소년을 대상으로 하는 성폭력 행위

성인 성폭력	만 19세 이상인 성인을 대상으로 성폭력을 하는 행위
장애인 성폭력	신체상, 정신상 장애가 있는 사람을 대상으로 성폭력을 하는 행위
부부 성폭력	남편이 아내를 폭력이나 협박 등으로 위협해 강제로 성관계를 하는 행위

*출처 : 1366 여성폭력 사이버 상담 홈페이지

내 아이가 가해해 실망이 크고 상실감이 들어 양육자가 자녀를 밀어내는 예도 있습니다. 자녀를 품어 가족의 마음을 전하세요. 품어주신다며 무조건 내 아이 편만 든다면 그것 또한 좋지 않습니다. 내 아이가 더 이상 폭력을 행사하거나 성추행하지 않도록 교육하면서 타인을 존중해야 하는 이유를 다시 한번 새기세요. 양육자도 교육 과정을 함께해 자녀가 자괴감에 빠져 자신을 쓸모없는 인간이라고 생각하지 않게 하는 것도 중요합니다.

내 아이가 가해 아이가 되어 다른 아이에게 피해를 주었다는 것을 알게 되면, 단순히 말로만 주의를 주는 것이 아니라 각별하게 관리해야 합니다. 신체적·정서적으로 피해를 줬다면 장난이 아니라 폭력으로 인식해야 해요. 이런 일이 닥치면 가해한 아이든 피해당한 아이든 양측 양육자님도 어찌해야 할지 몰라 당황하게 마련입니다. 하지만 아이가 어리다는 핑계로 분명하게 짚고 넘어가지 않는다면, 아이의 건강한 성장은 기대할 수 없습니다. 진심으로 용서를 빌고, 사과를 하는 것을 가르쳐야 합니다.

또한 사과해도 모두 받아들이지 않을 수도 있다는 것을 알아야 합니다. 사과만 하면 모두가 용서하는 것은 아닙니다. 행동을 하기 전에는 상대에게 반드시 동의를 구하고, 거절하면 그것도 받아들여야 한다는 것을 알려주어야 합니다.

이러한 상황이 알려져 아이의 앞길에 걸림돌이 될 것을 걱정해서 조용히 넘기려고 하면 안 됩니다. 폭력이 일어난 바로 지금 아이의 상처를 치유하지 않으면 몸과 마음이 건강한 어른으로 자라기 어렵습니다.

친밀감을 이용한 성폭력 상황을 알려주기

성폭력 가해자가 주로 사용하는 유인 수법을 알려주고 이는 잘못된 접촉이며 성폭력이라고 교육합니다.

초등학교 길목에 어른 한 명이 귀여운 강아지나 고양이를 데리고 나와서 지나가는 아이들한테 인사해요. 첫날은 그냥 지나고 이틀째 되는 날도 가볍게 눈인사만 하며 지나가죠. 세 번째 마주치는 날, 그 어른은 이렇게 말합니다.

"얘들아, 강아지 귀엽지? 한 번 만져볼래?"

귀여운 강아지를 만지게 해준다니, 아이들은 달려갈 수밖에 없죠. 어른에 대한 경계심은 사라지고 친근하게 생각하거든요. 아이들이 서서히 그 사람을 같은 동네 사는 좋은 어른으로 인식하게 됩니다.

그다음에는 경계가 무너진 틈을 타 나쁜 일이 발생할 수 있습니다. 너무 슬픈 일이에요. 가해자는 친밀감, 신뢰, 애착을 이용해서 접근합니다. 친밀감을 조성하여 그루밍으로 성폭력이 발생하는 경우가 많습니다.

더운 계절이 올 때 아이들이 뛰어놀다가 시원한 음료를 마시고 싶어 해요. 아는 사람이 아니면 절대 먹지 말아야 한다고 하죠. 그럴 때 아는 어른이 와서 이야기합니다. 더우니 시원한 거 먹으러 가자고요.

아이들은 아는 사람은 안전하다고 생각합니다. 하지만 아니잖아요. 보호자의 허락이 있어야 먹을 수 있다고 알려주세요. 의아해하는 아이한테 어떻게 설명할지 몰라 난처할 수도 있어요. 이런 사회를 만든 어른의 잘못이죠. 정이 사라지고 믿음이 사라진다고 생각하지 말고, 아이의 안전을 위한다 생각하고 꼭 말씀하세요.

"○○야, 덥지? 저기 가서 시원한 거 먹자. 엄마한테 얘기해줄게."

"엄마가 먹지 말라고 했어요."

"괜찮아, 내가 얘기해줄게. 나 알잖아."

아이들은 양육자를 아는 사람의 말을 그대로 믿을 수 있어요. 그런데 그 사람이 그냥 아는 사람인지, 믿을 만한 사람인지는 잘 모르죠. 일단 가족이 없을 때는 아는 사람이어도 먹으러 가자고 해도, 양육자나 다른 보호자에게 얘기해준다고 해도 따라가선 안 된다고 하세요.

아이들은 양육자가 예시한 상황과 똑같지 않으면 괜찮다고 여길 수도 있습니다. 아이의 눈높이에 맞게 부당한 일을 당하는 상황을 다양하게 설명하고, 그에 대한 대처 방법을 보기로 제시하는 질문지를 만들어서 지도하거나 질문지를 동화처럼 만드는 것도 좋은 방법입니다.

질문1 풍선 가게 아저씨가 솔이를 마주칠 때마다 윙크하면서 이야기해요.
"솔이야, 오늘도 예쁘게 하고 나왔네."
그러면서 옆으로 다가와서 얼굴을 만져요. 기분이 나빴어요. 다음날도 또 그랬어요. 솔이는 기분이 자꾸 나빠져요. 솔이의 나쁜 기분을 누구에게 이야기해야 할까요?

① 양육자 (엄마, 아빠, 할머니 등)

② 유치원 선생님

③ 경찰관

④ 지나가는 어른

질문2 놀이터에서 놀고 있는데, 피아노 학원에서 아는 언니를 만났어요. 언니는 사람이 없는 곳에서 꼭 엉덩이를 때리고 가면서 말합니다.

"넌 참, 귀여워."

"언니, 하지 마."

언니는 안 하겠다고 해 놓고 다음에 또 합니다. 이럴 때 우리 친구들은 어떻게 하면 좋을까요?

동화질문 멍멍이와 꿀꿀이는 친구였어요. 하루는 멍멍이가 먹으려고 얼려 놓은 아이스크림을 꿀꿀이가 몰래 와서 먹고 갔대요. 멍멍이는 누가 먹었는지 몰라서 또 얼려 놓고 숨어서 지켜보고 있었어요. 그때 꿀꿀이가 살금살금 다가와서 또 먹고 갔습니다. 멍멍이가 어떻게 하면 좋을까요?

친족 간의 성폭력

제가 상담한 어떤 어머니는 이렇게 말씀하셨어요.

"남편이 술에 취해서 저와 함께 자는 초등 5학년 딸을 저로 착각하고 아이를 만졌어요. 어떻게 말해야 할까요?"

딸은 소리도 못 내고 놀라서 울기만 했습니다. 아이가 얼마나 놀라고 무서웠을까요? 딸과 아내가 구분이 안 될까요? 다음 날 아이가 아무 일도 없던 것처럼 행동했다는 말에 마음이 더 아팠습니다. 이럴 때 양육자가 어떻게 하는 게 바른 행동일까요? 만약에 우리 집이라면 나는 어떻게 할까요? 저는 이렇게 답변드렸습니다.

"술 취했다는 말은 빼고, 가족 앞에서 '잠결에 엄마인 줄 알았다. 정말 미안하다'라고 사과하셔야 합니다."

성폭력은 가까운 사람으로부터 발생할 수도 있습니다. 아들이 딸에게, 딸이 아들에게, 또 사촌 간에 이런 일이 발생한다면 아이들에게 어떻게 도움을 요청하라 하실 건지 다 같이 생각해 봐야 합니다.

상담을 오래 했던 내담자 한 분은 가정 내에서 아빠에게 성폭력을 당하고 집을 나와서 가족과 연을 끊고 살고 있습니다. 상처받았으면서도 엄마가 그리워 오랜만에 만나기라도 하면 이렇게 말한답니다.

"너 때문에 집의 평화가 깨졌다. 보기 싫다."

그분은 왜 고통은 피해자인 자기만 받아야 하는지 모르겠다고 하셨습니다. 그로 인해 사회에 적응하기도, 결혼 생활을 유지하기도 힘들다고 하고요. 자해한 상처도 있습니다.

친족이나 가정 내 성폭력의 후유증은 심각합니다

친족이나 가정 내 성폭력 피해 아이들은 유독 거칠고 반사회적인 성향이 있습니다. 가장 믿고 의지했던 가족에게 받은 상처로 인해, 증오심이 강해지고, 무척 혼란스러워하죠. 자존감도 많이 낮아져서 그 순간을 모면하기 위해 거짓말도 하고, 도벽이 생기거나 우울감에서 벗어나기 위해 성매매까지 합니다. 이때 제대로 치유하지 못하면 우울증은 지속되며 성인이 되어서도 생활의 중심을 잡기가 힘듭니다.

친족 성폭력을 당한 아이들은 다른 대상으로부터 결핍 요소를 해소하기도 합니다. 그 과정에서 그루밍으로 이어지기도 하고요. 남자들은 진심으로 사랑하는 게 아닌데 믿게 하죠. 처음에 성착취는 불법이니까 연애하는 것처럼 길들여요. 그게 바로 그루밍 성폭력입니다. 그루밍 성범죄는 가해자가 피해자와 친분을 쌓아 심리적으로 지배한 후 성적으로 가해 행위를 하는 것을 말합니다. 나이, 경제적, 지적 측면 등에서 취약한 위치에 있는 아동, 청소년 등과 심리적 유대 관계를 형성한 뒤 성적으로 착취하지요. 주로 아이들의 환심을 사려고 화장품, 휴대전화 같은 것을 사주면서 사랑한다고 해요. 그러면 집에서 받지 못했던 사랑을 받는 줄로 착각하고 넘어갑니다. 그러다가 "내가 너 사랑하는데 나랑 살자." 하면 아이들이 집을 나와서 가해자를 가해자인 줄도 인식하지 못하고 같이 사는 일도 있습니다. 피해자가 보통 자신이 학대당하는 것을 인식하지 못한다는 점과 피해자가 표면적으로 성관계에 동의한 것처럼 보이기 때문에 수사나 처벌이 어려운 경우가 많아요. 사건 특성상 피해자의 심리를 이용하기 때문에 서로 합의하고 관계했다고 주장하는 가해자가 많기 때문입니다.

SNS, 메신저 등을 사용하는 아동, 청소년이 늘어나며 자연스럽게 미성년자인 아동, 청소년이 그루밍 성범죄의 대상이 되는 사례도 늘어나고 있어요. 특히 10대 미성년자의 경우 낯선 사람과 관계 맺기를 거부하는 판단력이 떨어지다 보니 그루밍 성폭력에 더 쉽게 노출됩니다. 또래 오빠 따라 나가서 '가출팸'(가출 청소년들이 이룬 무리)에서 성착취 당하는 아이도 있습니다. 나쁜 어른들이 아이들의 낮은 자존감, 애정 결핍을 이용해 본인들의 욕구를 채웁니다.

가정 내 성폭력도 권력의 문제입니다

성인이 되어서 가정을 이루고 살고 싶은데 상대에게 상처를 이야기하는 순간, 가정 내 폭력이 시작되는 예도 있었습니다. 가족에게 버림받았다고 느끼고 아빠의 성폭력을 알리는 순간 가정 파괴범으로 몰리는 상황이 되면서 현실 감각이 무너져 자해를 통해 살아 있음을 느낀다고도 했습니다. 이런 분들은 계속 상담 치료를 받아야 하는데요. 성인이 되어서 상담 비용이 들어 힘들다고 하시던 상담자도 많았습니다.

일반 성폭력 사건 신고율이 2%대였다가 지금은 20%대 수준으로 높아졌습니다. 그나마 우리 사회의 성폭력에 대한 인식이 피해자 중심으로 많이 개선된 거죠. 그래도 친족 성폭력 신고 비율은 5%도 안 돼요. 가족한테 받은 상처라서 더욱 클 텐데도 신고조차 못 하는 거죠. 특히 아빠 성폭력보다 오빠 성폭력이 훨씬 낮습니다. 양육자로서는 가해자도 자식이니까 자식을 처벌하는 게 어렵죠. 신고 의무제가 있지만 양육자가 신고를 강경하게 반대해서 딸이 그 의사를 받아들이면 소용없습니다.

생각해보면 가정 내 성폭력이나 친족 성폭력도 결국 가정 안의 권력 문제입니다. 이 말은 가족 내 성폭력 사건의 열쇠는 양육자가 쥐고 있다는 뜻이기도 해요. 성폭력은 견디기 힘든 고통을 줍니다. 하물며 친족이나 가족으로부터 성폭력 피해를 당하면 그 마음이 어떻겠습니까. 피해자인 아이는 스스로 정상적인 상황이 아니라고 느끼기 때문에 신고도 못 합니다. 양육자님의 반응도 두렵고 '과연 내 편이 되어줄까?' 하는 생각에 극도로 움츠러듭니다.

딸이 성폭력을 당했을 때 가해자인 가족 구성원(아빠, 오빠, 삼촌, 할아버지 등)을 신고한다고 해서 가정의 평화를 깬다고 생각하면 안 됩니다. 이런 사건에서 시간은 절대로 약이 되지 않아요.

지인 중에 사촌 오빠에게 성추행당하고 엄마한테 이야기했더니 이렇게 말씀하셨대요.

"어떻게 하겠니? 네가 참고 넘어가야지. 그걸 지금 얘기해서 무슨 소용이 있겠어. 괜히 분란만 일으킬 수 있으니 넘어가자. 네가 용서해라."

이런 경우에는 불편하더라도 가족이 있는 모임에서 공개 사과를 받고, 용서를 구해야 합니다. 그런 다음 아이가 원하지 않으면 가해자는 집안 행사에도 참석하지 말아야 해요.

하지만 지인의 어머니는 침묵하셨고 따님의 소리는 소리 없는 아우성이 되고 말았습니다. 성인이 되어 양육자가 된 다음, 다시 한번 엄마에게 물었다고 해요. 그때 왜 그렇게 아무 일 없는 것처럼 넘겼는지를요.

"엄마도 두렵고 가족 간에 서로 얼굴 안 보고 살게 될까 봐 아무것도 할 수 없었어. 엄마가 되어서 제대로 처신하지 못해 미안하다."

20년 세월이 흐른 뒤에야 사과했다고 합니다. 양육자님도 처음에는 두렵고 잘 모르지만, 전문 기관과 아동을 보호하는 곳은 많으니 두려워하지 말고 도움을 요청하세요. 양육자가 난처해서 침묵하면 아이들은 갈 곳이 없습니다. 두 번 버려지는 느낌이 들 거예요.

현명하게 대처하려면

가부장적 사고가 배어 있는 가정에서는 성폭력을 '가해-피해 사건'으로 보지 않고 '아들-딸 사이에 일어난 일'로 보고, 가해자인 아들의 앞날을 생각해서 사건을 묻거나 딸에게 용서하라고 압박하는 경향이 있습니다. 하지만 이건 딸은 물론, 아들을 위한 판단도 아닙니다. 잘못을 뉘우칠 기회를 놓치면서 성폭력이 얼마나 무서운 범죄인지 자각하지 못합니다. 동생 성폭력을 처벌받지 않은 오빠가 제삼자에게 성범죄를 저지르는 경우가 꽤 있습니다. 양육자가 더 큰 사고를 막을 수 있는데도 막지 않은 거나 마찬가지예요. 가해자와 피해자 아이 모두의 미래를 생각하세요. 모두 내 아이라서 양육자로서도 대처하기가 어려우면 전문가들에게 판단을 맡겨야 합니다.

꼭 법적 처벌을 하지 않아도 됩니다. 아들도 미성년자였지만 집 밖으로 내보내 자취시키고 스스로 잘못을 깨우치게 조처한 양육자도 있습니다. 양육자가 가해자에게 준 처벌이었죠. 아들은 진심으로 반성했으며 동생에게도 계속 용서를 구했습니다. 딸과 아들을 분리하여 생활하게 한 양육자님의 판단은 현명했습니다. 이렇게 양육자가 어떻게 대처하느냐에 따라 아이의 회복 속도가 달라집니다. '양육자가 내 편이 되어줬다, 나를 위해줬다'는 믿음 하나만으로요.

참고 자료

: 논문이나 학회지에 실린 기사 제목은 < >로, 단행본 제목은 《 》로 표기했습니다.

- 강원국, 《강원국의 어른답게 말합니다》, 웅진지식하우스, 2021
- 교육부 학생건강정책과, 〈학교 성교육 표준안〉, 교육부, 2015
- 권성원, 〈제주 지역 중학생의 성인지감수성 향상을 위한 강의 시안 연구〉, 서강대 석사학위 논문, 2021
- 권희정, 〈청소년의 성미디어리터러시, 성허용성, 자아존중감이 성인지감수성에 미치는 영향〉, 이화여자대학교 교육대학원 석사학위 논문, 2019
- 김경아, 《성을 알면 달라지는 것들》, IVP, 2020
- 김미숙, 《십대들의 성교육》, 이비락, 2019
- 김소영, 《어린이라는 세계》, 사계절, 2020
- 김영화, 《우리 아이의 행복을 위한 성교육》, 메이트북스, 2018
- 김은혜, 《젠더감수성 교실》, 한겨레출판사, 2020
- 김한균, 〈디지털성범죄 차단과 처단-기술매개 젠더기반 폭력의 형사정책〉, 저스티스 통권 제178호, CrossRef, 2020
- 김항심, 《모두를 위한 성교육》, 책구름, 2021
- 김현아, 〈성폭력 범죄의 처벌 등에 관한 특례법상 카메라등 이용 촬영 죄에 관한 연구〉, 이화여자대학교 박사학위 논문, 2017
- 김혜경, 《서로 존중 성교육》, 학교도서관저널, 2021
- 나무, 《10대, 인생을 바꾸는 성교육 수업》, 미다스북스, 2019
- 노지마 나미, 《엄마는 왜 고추가 없어?》, 하야시 유미 그림, 장은주 옮김, 비에이블, 2021
- 노화연·신연정·이수지, 《부모의 첫 성교육》, 경향BP, 2019
- 레이첼 브라이언, 《동의 : 너와 나 사이 무엇보다 중요한 것!》, 노지양 옮김, 아울북, 2020
- 로비 H. 해리스, 《성 터놓고 얘기해요!》, 마이클 엠벌리 그림, 주은희 옮김, 다섯수레, 2003
- 문호경, 《고통에서 소통으로》, 퍼플, 2020

· 박선미, 《디지털 자녀와 아날로그 부모를 위한 대화법》, 따스한이야기, 2020
· 박영순·나은경, 〈로맨스 드라마 시청이 결혼에 대한 환상에 미치는 영향〉, 한국콘텐츠학회논문지 제18권 제2호, 한국콘텐츠학회, 2018
· 박영원, 〈청소년 미디어 리터러시 활용 성교육 프로그램의 효과성 검증〉, 가천대 박사학위 논문, 2020
· 박은하, 〈청소년 성문화 특성에 따른 성교육의 방향성에 관한 연구 : 성인지적 성교육을 중심으로〉, 청소년학연구 제24권 제10호, 한국청소년학회, 2017
· 변신원, 《이야기로 풀어 가는 성평등 수업》, BMK, 2020
· 손경이, 《당황하지 않고 웃으면서 아들 성교육 하는 법》, 다산에듀, 2018
· 수잔 메러디스·로빈 지, 《10대들을 위한 성교육》, 박영민 옮김, 세용출판, 2007
· 스티븐 팔머·앨리슨 와이브로, 《코칭심리학》, 정석환 외 11명 옮김, 코쿱북스, 2016
· 신숙경·김수임·장수진, 〈영유아 자위행위 실태와 부모의 대처반응 및 인식 분석 : 성교육、성상담센터 사이버상담사례 중심〉, 열린부모교육연구 제11권 제2호, 열린부모교육학회, 2019
· 아영아, 〈청소년이 지각한 부모의 성역할 고정관념이 성인지감수성에 미치는 영향 및 인권의식의 조절효과〉, 학교사회복지 제51권 제0호, 한국학교사회복지학회, 2020
· 양숙자, 〈부모 양육 태도 및 또래 요인이 청소년의 음란물 매체 몰입에 미치는 영향〉, 한국콘테츠학회논문지 제16권 제8호, 한국콘텐츠학회, 2016
· 엄주하, 《성 인권으로 한 걸음》, 을유문화사, 2020
· 엄주하, 《예쁘기보다 너답게 러브 유어셀프 딸 성교육》, 다독다독, 2021
· 오은영, 《오늘 하루가 힘겨운 너희들에게 : 아이편》, 녹색지팡이, 2015
· 이광호, 《사랑과 책임의 성교육 편지 2》, 좋은땅, 2020
· 이규은, 《성, 사랑, 성교육 그리고 가족》, 공동체, 2018
· 이나영·최윤영·안재희·한채윤·김소라·김수아, 《모두를 위한 성평등 공부》, 프로젝트P, 2020
· 이미정·.이은실·이정·서유미, 《10대를 위한 성교육》, 꿈꿀자유, 2022
· 이시훈, 《와이미 성교육 1 : 초등편》, 빨간콩, 2022
· 이시훈, 《와이미 성교육 2 : 청소년편》, 빨간콩, 2022

· 이유정, 《성교육은 '다음'을 가르칩니다》, 마티, 2021
· 인티 차베즈 페레즈, 《일단, 성교육을 합니다》, 이세진 옮김, 문예출판사, 2020
· 장혜진, 〈성교육 프로그램이 학령전기 부모에게 미치는 효과〉, 한양대학교 교육대학원 석사학위 논문, 2016
· 정혜민, 《토닥토닥 성교육, 혼자 고민하지 마》, 토기장이, 2019
· 제이닌 샌더스, 《내가 안아 줘도 될까?》, 세라 제닝스 그림, 김경연 옮김, 풀빛, 2019
· 참어린이독서연구원, 《변하는 나의 몸, 그리고 성 이야기》, 백철 그림, 세용출판, 2014
· 최윤정·문희영·김은경·송현주·채혜원·홍희정, 《해외 국가의 초중등 성평등교육 연구》, 한국여성정책연구원, 2018
· 최윤정·박성정·장희영·김효경·최윤정, 《초중등 성평등교육의 요구 현실과 활성화 방안》, 한국여성정책연구원, 2019
· 최현정, 《발칙한 성교육, 학교를 품다》, 행복한미래, 2019
· 추은영, 〈초기 청소년의 성폭력 두려움에 대한 성인지적 연구〉, 교육비평 제43호, 2019
· 카타리나 폰 데어 가텐, 《가르쳐 주세요!》, 앙케 쿨 그림, 전은경 옮김, 비룡소, 2016
· 크리스티나 헨켈·마리 토미치, 《스웨덴식 성평등 교육》, 홍재웅 옮김, 다봄, 2019
· 푸른아우성, 《푸른이와 우성이의 성장일기》, 이수연 그림, 올리브M&B, 2020
· 플랜드 패런트후드, 《성교육이 끝나면 더 궁금한 성 이야기》, 우아영 옮김, 휴머니스트, 2020
· 하혜숙·정환욱, 《성교육과 성상담》, 한국방송통신대학교출판문화원, 2022
· 헬렌 그리핀, 《초등학생 성평등 교육 어떻게 할까?》, 박현주·김유진 옮김, 우리교육, 2020
· 황혜경·주상려, 《자녀와의 소통을 위한 부모교육》, 공동체, 2019
· 후쿠치 마미·무라세 유키히로, 《집에서 성교육을 시작합니다》, 왕언경 옮김, 이아소, 2021
· 1366 여성폭력 사이버 상담 홈페이지 women1366.kr

아이의 질문에 당황하지 않고 대답하는

돌직구 성교육

초판 1쇄 발행 2022년 8월 26일
초판 2쇄 발행 2023년 9월 21일

지은이 김소영
편집 윤강삼, 이가영, 구주연
디자인 홍민지

펴낸이 최현준
펴낸곳 빌리버튼

출판등록 제 2016-000166호
주소 서울시 마포구 월드컵로 10길 28, 201호
전화 02-338-9271 | 팩스 02-338-9272
메일 contents@billybutton.co.kr

ISBN 979-11-91228-86-1 (03590)

· 빌리버튼은 여러분의 소중한 이야기를 기다리고 있습니다.
아이디어나 원고가 있으시면 언제든지 메일(contents@billybutton.co.kr)로 보내주세요.